喵問題

—————— 林煜淳 & 貓奴 41 著

目錄

推薦文

學著、好好愛你的貓主。

—— 台大社會系教授、《學著，好好愛》作者 孫中興

書中解答了許多飼養貓咪的專業問題，
絕對是貓痴的必備秘笈！

—— PetTalk 創辦人 David Cheng

透過貓奴與獸醫師的問答，傳遞淺顯易
懂的貓咪保健觀念，值得推薦的好書！

—— 中山動物醫院、台北101貓醫院總院長、貓博士 林政毅

貓奴有許多問題想知道，可以在這一本書找到答案，真心推薦這本《喵問題》。

—— 台北市獸醫師公會理事長、曼哈頓動物醫院院長　譚大倫

我看到一位年輕獸醫師，用心在經營他的獸醫生涯，專心聆聽及熱心解答寵物問題，並用生動活潑的文筆加以敘述，故容我推薦這本好書給大家。

—— 中華獸醫師聯盟協會理事長、康寧動物醫院院長　王聲文

養貓大哉問，做個好貓奴 ——《喵問題》，誠心推薦！

—— 中華民國獸醫內科醫學會理事長、劍橋動物醫院總院長　翁伯源

序：小獸醫說

你認識你的貓咪嗎？

或者說，你認識貓咪嗎？

很多人以為貓咪跟狗一樣。但是，「貓不是狗！貓不是狗！貓不是狗！」因為很重要所以說三次。

貓咪比狗野性強，通常獨來獨往，不像在外頭的狗常群聚在一起。

貓咪跟獅子老虎一樣是肉食動物（蛋白質的攝取很重要），不像狗比較貼近人類飲食習慣，是屬於肉食偏雜食性動物。

貓咪並不需要有人一直在旁邊陪著（有人陪，說不定還會不開心），相較起來，狗就比較需要同伴，沒有人類或者其他狗是不行的。

此外，貓咪的生理作息，以及許多疾病的產生，跟狗是不一樣的。

既然貓咪與狗如此大不同，那麼，照顧貓咪的方式跟照顧狗的方式，當然有許多不同。

　　這本書就是提供主人／飼主／貓奴（隨便你怎麼稱呼你自己，本書就以貓奴代稱）需要知道的事情。

　　與市面上多數的書籍不同，這是一本貓奴提出問題，然後小獸醫負責回答的書，坦白說有一兩個問題我本來心想：「啊，這也是問題？」但最後發現，這些問題很有趣也很實用。

　　本書分為十章，用很多的問答提供貓奴該知道的貓知識，像是如何觀察貓主子的健康狀況以及更多的醫療相關注意事項（我盡可能避免讓大家打瞌睡／覺得無聊），以及各種容易被輕忽的照顧事項。

　　針對貓主子愈來愈長壽，衍生出的老貓疾病問題（這跟人類面對老死一樣的重要），我們也會做些討論。此外，本書也會附上一些簡易的評量表，提供貓主子就醫前的準備。

　　祝福大家跟貓咪，幸福快樂！

序：貓奴4l說

大家有沒有想過，為何養貓的人是「奴」而養狗的人是「主人」呢？

我自己是這樣看的，狗狗外放而貓咪內斂。狗是犬科，本為群體動物，需要同伴，而貓咪多為現實主義者，群體有利則會成群出現，但若個別行動比較方便時，獨來獨往也是常態。

群體往往需要一套有系統的規範，有主從，上下之別。所以當你是個狗主人，請注意，你的自律心才能夠帶領你的狗狗有規矩。所以該放風時就該準時放風，該餵養時就不可以有人偷偷塞小點心，命令更不可以朝令夕改，狗狗容易學壞。

但養貓就不是這樣了，貓咪像有點小偷懶，喜歡小確幸的現代人：他們知道這個社會的規矩，但在私下仍會偷偷

摸摸，找點無傷大雅的小樂子。不太容易學壞，但也不願意遵守太過分的規矩，他們很能夠自得其樂活在自己的小世界。所以，一個好的貓奴，就要順著貓咪的規矩，別強加規矩在他身上，那他就會自在且快樂的生活，想到你的時候就過來黏黏你，沾你整身貓毛，以示寵愛。

若說狗兒讓我看見熱情與陪伴的重要性，那麼，貓咪教會我的是容忍／包容與尊重。只有當你開始願意放下自身成見，客觀的認識貓咪這種生物，你才會真正看見這種生物的需要，尊重這種生物的生活方式，生活習慣，並開始學會容忍與接納共同生活時必然出現的不便。例如我家貓咪活動區域內禁止任何塑膠袋出沒（原因詳見書中異食癖專章），另外在客廳的正中間更有多款貓抓屋提供貓主子們抓好抓滿。倘若未來有一天，當你可以像我對愛貓們亂大小便的情形，投以淡定的眼神，平靜的態度去尋找原因並加以改善時，恭喜你，你已經是一名成熟（合格）的貓奴。

與市面上眾多寵物書籍不同，《喵問題》是想問出

貓奴心中的疑惑。所以在寫作過程中，由作者君 2 號 —— 貓奴 41 —— 四處蒐集遇見的喵問題，交由作者君 1 號 —— 小獸醫先生 —— 快問慢答。身為一名貓奴，我深感榮幸也極為開心能參與本書的提問與寫作，因為我可以亂問很多以前不敢問的問題（哈！），並獲得免費（耶！）且專業、嚴謹與認真的第一手解答。當然，作者君 1 號有時免不了因為問題古怪而露出「這也是問題喔」的囧臉，但作者君 2 號依舊秉持著眾多貓奴求知的精神繼續追問，絕不放棄。

近年來有越來越多都市人加入貓奴的行列，我想，很多人的原因可能跟當初的我一樣吧，覺得貓咪又萌又好照顧。嗯哼，伺候貓主子哪有那麼容易 !! 作為一個有責任感的貓奴，請務必要購買本書，因為本書就是貓主子的伺候寶典。在此與各位分享，若不是因為本書，本奴不會發現，原來本奴過去習以為常的伺候貓娘娘的經驗，是從小訓練狗兒子的那一套（淚奔）……

貓咪經常嘔吐嗎？煩惱著貓咪抓沙發嗎？為什麼貓咪會亂大小便？帶貓咪去看獸醫師需要注意那些事項？老貓需要更仔細的觀察與照顧嗎？如果你也有上述的疑惑，那麼請購買與推薦本書當作重要工具書之一吧！

第一章
貓咪是什麼？

你認識你的貓咪嗎？
讓我們真正嚴肅地來看待這個問題。

上天賦予貓咪尖牙、利爪、聲帶、肉墊、縮放自如的瞳孔、長長的鬍鬚⋯⋯他們開心時會呼嚕，整理自己會舔毛，憤怒緊繃時毛髮會豎起，打架前會先嚎叫威嚇。他們的眼睛在夜間能夠輕易地看清楚奔走中的獵物，習慣在夜晚狩獵；在野外，他們幾乎是所有小生物的天敵。

　　作為獵手，他們習慣掩埋糞便與氣味，習慣藏匿自己，躲在高處；他們相較於狗更獨立謹慎小心。

　　即使每隻貓咪個性都不同，但上述這些特點都會或多或少的被貓咪帶入你與他的生活中 —— 如果你愛他，你也必須接納以上這些全部的特質。

Q1：貓咪抓沙發怎麼辦？

小獸醫　　貓咪就是會抓沙發。（非常肯定句）

各位要知道，對貓科動物來說，磨爪是本能反應。不只沙發，像是其他傢俱、地板也可能有爪子磨過的痕跡。

我的建議是雙管齊下。一方面引導鼓勵他們去抓貓抓板，另一方面就是挑選沙發的時候多留意一下材質。通常貓咪愛抓沙發是因為聲音，他們喜歡那種抓起來會發出唏唏嚓嚓聲音的物品，如果避開這種材質，我想抓沙發頻率會降低很多。但即使是獸醫師的我，心中還是很清楚，受摧殘的何止是沙發！只要是傢俱，多少都有爪痕來表示「到此一遊」的記號。

貓　　奴　　我想起來了！我的窗簾上面也有撕裂的痕跡！所以這是愛的苦果囉～ >_<

小獸醫　　所以不要買太貴的沙發／傢俱啊！

貓　　奴　　= =

小獸醫　　總之，我堅決支持貓咪有磨爪子的自由！貓奴要把東西收好啦！多準備幾個貓抓板比較實際啦！

自！由！磨爪子！
（阿妮是奇異果的門神）

同場加映
貓奴大發現：便宜貓抓板拯救你的沙發！

小獸醫	你家有幾個貓抓板？
貓　奴	現在貓抓板都做得好精緻喔！還有做成貓屋、貓床的形狀，貓咪不僅可睡可抓，也可玩躲貓貓，如果以紙做的貓屋來說，我家應該有六個吧……（看著遠方）
小獸醫	你養幾隻貓咪？
貓　奴	三隻。而且我家沙發是布類沙發，目前只有在角落處發現貓抓後略為脫線的痕跡而已（因為有隻貓咪喜歡躺著抓）。

建議 —— 貓抓板價格只要新臺幣一百至五百元之間就可以買到，但兩人座沙發價格卻要好幾千或上萬元……會精算的貓奴們，為了你的沙發著想，是不是多買幾個貓抓板比較划算？

同場加映
貓咪的異食癖（請同時閱讀Q48）

　　磨爪子是貓咪的習性，要貓咪不抓東西是不可能的（這是他們的天性加上本能的雙重作用）。然而，傢俱或沙發抓破事小，對小獸醫來說，貓咪亂吃東西才是大問題。例如家庭裡可能會出現的塑膠袋、塑膠拖鞋、電線、毛衣、橡皮筋、吃鹹酥雞的尖銳竹籤、縫線、魚鉤、魚線、巧拼地板等等都是臨床上曾被貓吃下肚的東西，繼而引發胃腸道異物阻塞，最後只能透過開刀取出。

　　請仔細觀察你的貓咪，如果貓咪喜愛所有不應該吃的物品，那麼居家生活的收納，貓奴就必須加倍謹慎小心。

　　此外，許多植物對貓咪來說都是有毒的，所以謹慎起見，家裡的盆景或盆栽植物一定要放在貓咪碰不到的地方。（貓奴補充：要記得貓會跳高，所以放在高臺上是沒有用的唷！）

Q2：我家貓咪玩便便？

小獸醫　　這……貓咪玩便便的情況，大部分是幼貓比較多。因為幼貓在發育過程中開始對很多事物產生好奇心，就像人類小孩一樣，會把東西放到嘴邊咬一咬或者用手去抓。至於成貓，他們玩便便的情況與比例是極低的，如果真有出現嚴重的情況，建議要尋求獸醫師協助。

貓　奴　　因為不正常是吧？

小獸醫　　　嗯！

當貓咪開始玩便便了，貓奴最好就快點把
貓砂與便便清除，另外，建議貓砂盆的數
量最好是兩個以上。

貓　　奴　　N+1 嗎？？　就是假使你養的是 N 隻貓
咪，那就要多 +1 個貓砂盆？

小獸醫　　　對對對，最好是這樣。還有，貓抓板、貓
碗盆、水盆也最好是 N+1 喔！

同場加映
訓練貓咪使用貓砂盆

小獸醫	貓咪非常聰明且愛乾淨,他們會照顧自己也容易自得其樂。作為一個有責任感的貓奴,提供貓主子乾淨的衛生設備及磨爪用具非常重要。
貓　奴	小獸醫,你為什麼不說貓抓板就好?磨爪用具好繞口欸……
小獸醫	(繼續說話)假使幼貓不懂如何上廁所,那麼及早引導幼貓上廁所就是貓奴重要功課囉!務必將貓砂盆放在小貓容易到達的位置。如果小貓在錯誤的地方大小便時,千萬不要強迫他們去聞自己的便便或尿液,這種方式無助於解決問題。只要在亂大小便的地方消毒並去除味道,並且有耐心地多觀察,多引導幾次就好了。幸運的是,大部分的貓咪不用額外訓練,他們天生就會用貓砂。

Q3：我或家中小孩過敏
是因為養貓咪的關係嗎？

小獸醫　基本上成人或小孩會過敏，不一定跟貓咪有關啦！如果小孩過敏，很可能是對毛屑、皮衣等毛質的衣物都會過敏，不一定跟貓咪有關。

如果確實想釐清貓毛是否為你的過敏原，我認為應諮詢專科醫師並進行過敏原檢測，**還貓咪一個公道**。因為，在我幾十年臨床的經驗來說，由貓咪引起人類過敏的比例真的、真的、真的非常少。

貓　奴　那是因為過敏的人不會找你看（翻白眼）！像我就常聽到過敏的故事啊！例如有朋友不能接近貓咪，一接觸他會狂打噴嚏、流鼻水啊？

小獸醫　這是因為貓咪的貓毛很細，有些人碰到細的毛可能就會打噴嚏，至於是不是因為貓毛過敏還是要人類的醫師去判斷（小獸醫再度堅決站在貓咪一方）。

貓　奴　**兔子的毛不是很細嗎？為什麼沒有聽過因為兔子毛而過敏的呢？**

小獸醫　兔子掉毛量沒像貓咪這麼多啊！

同場加映
過敏是什麼？抗過敏大作戰！

　　過敏本身是個發炎的反應，今天身體只要出現外來物（又稱做過敏原），我們人體的白血球細胞（又稱作抗體）就會啟動防禦反應，而過敏就是白血球細胞過度反應的狀況。舉例來說，就像是社區為了抓一個小偷，政府卻派了一支特種部隊用重裝武器來攻擊小偷，這不僅會殲滅小偷，也會破壞社區的環境與設備，特種部隊所造成的破壞就是過敏反應。

　　所以，過敏就是人體細胞與外來物作戰的結果。而這結果，人們通常反映出來的症狀就是癢，這是因為身體會分泌大量的組織胺，而組織胺的釋放會引發人們覺得癢，還會引發血管收縮，人們就開始想打噴嚏、流鼻水等等。

　　過敏算是一種發炎反應，這可以說是人體免疫系統的問題。

如何減緩過敏反應呢？在室內可以使用空氣清淨機、常清洗床單、窗簾，勤勞的吸塵，常常幫貓咪梳毛，定期幫貓咪洗澡，減少貓毛飄散的比例，應能達到一定的效果。

Q4：養貓咪之後 全家都是跳蚤？

小獸醫　　目前市售的除蚤藥物，除蚤防蚤的效果都可以達到一個月。如果貓咪本身沒有跳蚤，家裡就比較不會出現跳蚤。

如果貓咪已經除蚤了，但環境還是有，那可能就是環境需要加強，例如家裡有院子，或者家中環境吸引野貓出入，這些都可能造成跳蚤無法消除的原因。

以現今的醫學來說，貓咪除蚤是件非常容易的事情，只需要定期點藥，就有預防治療作用。

貓　奴　　所以這個問題問錯了，應該是這樣問：理論上來說，養貓（有除蚤）之後，家裡不應該有跳蚤？

小獸醫　　應該這樣說，貓咪確實可能帶來跳蚤，可是如果貓咪沒有出門的話，跳蚤為何來你家？所以跳蚤不一定是貓咪帶來的喔！跳蚤很有可能隨著人類的褲管、鞋子進入家庭，跟貓咪並不一定有直接關係。

貓　奴　　所以這樣就幫貓咪洗刷污名了？如果他是一隻家貓，而且也有按時做預防除蚤，那跳蚤肯定是人類帶進來的……

小獸醫　本來就是啊！**跳蚤問題本來就要區分為「環境」與「貓咪」的因素。**如果貓咪本身確認沒有跳蚤，那當然就是環境問題。這個問題本身預設了「貓咪 = 帶來跳蚤」，其實不必然具有因果關係，只是人類並沒有加以求證，就亂設罪名在動物身上。也常有人問我，是否因為養貓咪的關係而導致小孩有呼吸道問題？可是我覺得，呼吸道問題不一定是貓毛引起的，也可能是環境因素啊（例如 pm2.5 的糟空氣）！

貓　奴　因為養了貓咪就怪到貓咪頭上？

小獸醫　我覺得人們容易覺得養動物就會有跳蚤，可是現在的除蚤方式既簡便又有效，所以不見得有必然關係，反而是環境本身的問題比較大吧！

Q5：我覺得貓咪都很 孤僻不理人，怎麼辦？

小獸醫　　養貓咪之前，你一定要知道貓咪是怎麼樣 的一種動物：他們本身個性獨立，不像狗 往往需要長時間纏著主人，一直要人們摸 他、陪他，怕人不理他。

貓　　奴　　小獸醫你確定你沒有討厭狗齁？

小獸醫　　（繼續說話）我覺得貓咪生性有種傲骨 啦！沒有依賴性格 —— 只要我們了解這 一點，就會知道怎麼跟他相處。

　　　　　從我的角度來看，貓咪可愛的地方在於當 他們想到的時候就會自己來找你，或者當 你手中有些很特殊的東西，例如玩具、零 食等等，他們就會來找你。

貓　　奴　　我覺得貓咪很勢利眼欸！要吃的時候特別來找我，平常都假裝沒看到我……

小獸醫　　（繼續說話假裝沒聽見）貓咪其實是種很實際、純真和直率的可愛動物。所以貓奴若需要陪伴的話，可以用這種方式去跟貓咪做互動，但不要奢望貓咪整天纏著你、抱著你，那是不可能的啦！（其實狗狗也很現實啊，有好吃的有好康的自然會靠近……）

同場加映
讓我們陪貓咪遊戲吧！

　　室內貓往往有吃太多運動太少而導致肥胖的問題。

（貓奴：可是貓胖胖很可愛啊～是不是～～是不是～～～是不是～～～～）

　　對，但就跟人一樣，你不想他之後慢性病纏身吧？所以要陪他遊戲，跟他互動。這樣貓奴也不會覺得貓咪都不理人，同時貓咪也可以藉此運動，和貓奴建立更多親密關係。市售有很多貓咪玩具，由於貓咪具有獵人性格，逗貓棒是種不錯的玩具。貓奴可以藉由逗貓棒，讓貓咪獲得抓、獵捕的樂趣，但要留意不要讓貓咪吃下羽毛，避免造成貓咪腸阻塞的風險。

（貓奴：防止貓咪亂吃東西才是好貓奴的行為喔～啾咪）

Q6：貓咪很陰，是真的嗎？
（貓咪會看見一些看不見的東西？）

小獸醫　這樣的說法應該是來自民間故事、坊間流傳，加上媒體長期以來替貓咪塑造的形象，視貓咪為一種神祕的動物。（貓奴：小獸醫你太愛貓了吧…我記得西方媒體以前覺得貓咪很邪惡啊！）

至於貓咪很陰……這應該沒有科學根據。貓咪在聽覺、視覺、嗅覺上的能力等等確實比人類強許多，像是他們能接受的音頻比人類寬廣很多，視角比人類廣，所以很容易讓我們見縫插針，認為貓咪容易見到一些比較靈性的東西等等，但這並沒有科學證據。

我覺得貓咪還是很陽光的，有很多地方的
表現跟狗很像，比如說他們常表現出率真
的一面，反應也很直接 —— 喜歡就喜歡，
不喜歡就是不喜歡 —— 怎麼能說他們很
陰呢？

同場加映
貓咪小知識 ── 解析貓咪的五官

聽覺 貓咪的聽力不僅比人類好，也比狗好。一般認為貓咪的聽力是人類的 4 倍。而貓咪更厲害的地方在於能判斷聲音的方位 ── 貓咪耳朵朝向的方向就可以知道聲音的方向！所以如果貓咪對吹風機反應很大的話，建議把吹風機拿得離他們遠一些吧！

味覺 貓咪的舌頭可以感覺酸、鹹、苦、甜，但有研究顯示他們對甜度不敏感，也有一種說法是他們對鹹味也不敏感。所以人類食物調味料並不適合貓咪食用，他們無法區分，也會加重貓咪身體負擔。另外，貓咪的舌頭可以分辨肉類腐爛的味道。所以不要用過期的罐頭呼嚨貓咪，他們可是會發現的喔！

（貓奴：難怪我家 18 歲的姑奶奶貓只吃剛開的貓罐頭，他一聞到放過冰箱冷藏的罐頭，就會喵嗚喵嗚的罵人呢！）

觸覺 貓咪可愛的鬍鬚是他的感覺器官之一。一般認為鬍鬚生長的寬度大概就是貓咪身體的寬度，故鬍鬚就像是貓咪天生的尺，讓貓咪可以衡量身體與其他物體之間的距離，避免碰觸到周圍其他物品。

嗅覺 貓咪的鼻子可以聞到 500 公尺外的味道，嗅覺敏感度更是人類的 20 萬倍以上。除此之外，貓咪的鼻子也是溫度感應器呢，即使溫度變化只有微小的差距，貓咪也可以用鼻子感覺。所以不要再用奇怪的味道去刺激貓咪了，如萬金油、白花油，或者精油類產品，這對他們都是傷害喔！

視覺 貓咪的視野是 280 度，動態視力非常好，可以看見快速移動的物體。瞳孔在黑暗處會放大，接受光線的程度只需要人類 1/6，所以在夜間可以看得很清楚。即便如此，貓咪卻是個大近視喔！他們的一般視力只有人類的 1/10，無法辨識細小的東西（如果細小物體沒移動的話），所以他們主要靠著嗅覺在辨別事物。

Q7：貓咪有血型嗎？

小獸醫　　人類的血型分為 A、B、AB 和 O 型，貓咪
　　　　　的血型則分為 A、B 和 AB 三型。跟人類一
　　　　　樣，貓咪不同的血型是不能互相輸血的，
　　　　　所以貓咪輸血前一定要先比對才行喔！

同場加映
小獸醫的呼籲 —— 我們需要捐血貓！

　　健康安全的輸血，往往可以救助危及生命的動
物。在動物尚未建立完整的血庫前，請貓奴讓自己健
康的寵物當「捐血動物」吧！我看到許多因接受輸血
而存活的病例，也看到捐血動物的熱血，溫暖了人類
的心！

我們鼓勵符合以下條件的貓咪來當捐血貓，請貓奴們主動跟有需要的動物醫院報名（當然本醫院非常非常的歡迎）。你家毛小孩的熱血可以幫助其他毛小孩，同樣的，未來你的貓咪也可能因此受惠喔！

捐血貓報名條件

1. 貓咪的體重 > 3.5 kg。
2. 貓咪的年齡在 1 歲至 7 歲間。
3. 貓咪的 HcT（血溶比）> 35%、Hb（血紅素）> 11g/dl，身體狀況良好。
4. 貓咪每年施打預防針。
5. 貓咪未曾接受過輸血。

輸血方面注意事項

1. 捐血貓需要進行全血檢、血液生化檢查、心絲蟲檢查（貓咪要做 FIV/FeLV 檢查）。這是為了確保血液來源的健康與否。
2. 貓咪最大捐血量為 60 ml，或每 30 天 10-15ml/kg。
3. 貓咪需進行簡易的院內交叉配血試驗。這是由於大多數的貓咪會產生抗體，所以需要先行確認。
4. 輸血後的過敏反應和生理監控。

Q8：貓咪體型很小， 應該不花錢吧？

貓　奴　這題我來！嗯哼，怎麼會不花錢？養人類小孩都很花錢了，貓小孩都叫小孩了怎麼會不花錢？基本花費是必要的，帶去看病才是花最多錢之處 —— 畢竟現在寵物沒有健保，帶貓咪回家一定要三思啊～～～（被貓咪咬走）

小獸醫　……

同場加映
貓奴簡單計算：一隻貓咪的基本需求

養貓的事前準備（預估最少要 3820 元）

設備	價格	注意事項	最便宜計算（元）
貓砂盆	方形塑膠盆，約 50～70 元。雙層貓砂盆，約 250～400 元。全蓋貓砂盆，約 800～1500 元。	不管你用哪種盆，貓都極有可能把貓砂撥出，尿出盆外，故需要廚房紙巾等其他清潔用品，才能延長貓砂盆壽命。	50 * 2（個）
洛砂墊或踏板	一般腳踏墊約 100～150 元，專用的踏板約 400～700 元。		100 * 2（片）
貓窩	200～1500 元不等，市售許多貓窩結合貓跳台或貓抓板功能，一舉數得。	建議貓窩還是要有遮蓋，可讓貓咪躲藏較佳。	200
食碗	價差隨材質（塑膠、不銹鋼、陶瓷碗）不同，最便宜塑膠碗約 30 元。	每餐清洗。	30

喝水設備	便宜的大碗 50 元。 自動飲水器，約 800 ~ 1500 元。	要多放幾個。要每天換水。	50 * 2（個）
貓梳	約 90 ~ 500 元。		90
指甲剪	約 50 ~ 350 元。		50
沐浴精	約 150 ~ 350 元。	也可送洗，約 350 ~ 600 元／次。	150
貓提籠	約 500 ~ 2000 元。	最好是堅固有門的塑膠提籠，以杜絕貓咪咬開或跑掉的風險。	500
醫療	**節育：** 公貓約 1000 ~ 3000 元，母貓約 2000 ~ 4000 元。 **除蚤：** 約 300 元／月。 除寄生蟲： 約 100 元／月。 **預防針：** 約 1000 ~ 1200 元／次 （註：節育手術會因為麻醉劑、麻醉方式的差異而產生比較大的價差）	節育的好處多多	2400（估計）

貓奴說：以上只是提供各位參考

養貓的日常花費（預估至少 1260/ 月 / 一隻貓）

	種類	價格與數量	注意事項	最便宜計算(元)
貓食	乾食飼料	（7kg/1000 ～ 2500 元）3 個月。	*貓咪需要少量多餐。 *罐頭盡量開啟即用完（可用保鮮膜包裹後存放於冰箱，但要在一日內用完為佳）。	330/ 月
	濕食罐頭	小罐頭約 85 克，約 20 ～ 60 元，1 ～ 2 個 / 天。 大罐頭約 180 克，約 30 ～ 90 元，1 個 / 天。		
	生肉餅	12 塊約 780 ～ 1500 元，1 塊約 155 克，1 天約餵食 1.5 塊。	以乾食為主，一個月約 330 元。 以罐頭為主則要一天 40 元以上。	
化毛膏		1 條約 350 元 / 3 個月。		120/ 月
貓砂	請見 Q2	7L 豆腐砂 / 1 個月，一包約在 360 ～ 400 元。	可能需要額外補充除臭劑、小蘇打粉以避免臭味蔓延。	360/ 月

貓抓板	瓦楞紙材質、麻繩纏繞、木頭製貓抓板	瓦楞紙30元一片～800元貓屋。 麻繩纏繞130元～1500元。 木頭製貓抓板約350元。 壽命約1個月～1年不等。	請多買各種貓抓板吧。	150/月
醫療保健	除蚤	除蚤約300元/月。	健檢就是事先的預防工作，降低貓咪生病的風險。	約3500/年
	預防針施打	預防針，幼貓起初可能要2～3次/年，成貓一年一次，約1000～1200元。		
	定期健檢	1次/年，約1000~3500元。		
	定期洗牙	1次/1.5~2年，約1000~2000元。		
		（註：健檢依照檢查項目不同而有不同收費；而洗牙需要麻醉，麻醉方式與麻醉劑決定了價格差異）		

同場加映
貓奴說：養貓咪的好與壞

養貓咪的壞處

→ 貓咪很花錢，每月固定支出隨便就要一千多，更
別提想給貓咪更好的待遇了，但薪水凍漲，貓咪
用品卻越來越貴……

→ 家具與地板被抓壞，高處東西被摔破。

→ 貓毛到處飛，要頻繁的打掃。

→ 貓咪常亂吐，好難清理。

→ 貓咪再怎麼愛乾淨，他的尿與便便都很臭，沾到
或噴到都很難洗。

→ 無法安心的出遠門。

養貓咪的好處

→ 內心的喜悅是 —— 無價！

→ 你學會更有包容力，面對一起生活的貓咪，你學
到的就是退讓與忍耐。

→ 拍照技巧變好。

→ 梳下的貓毛可以做可愛的貓玩偶，或是貓毛氈的
好材料！

→ 交到很多志同道合的朋友。

小獸醫　　養貓好處多多！你只想出這樣太少了啦！還有貓咪的呼嚕很可愛啊～摸貓咪很舒壓啊，還有很多很多……

多說一點、多說一點！！！

Q9：養幼貓與養成貓的差別在哪裡？幼貓會比較聽話嗎？

小獸醫　　如果是對第一次養貓咪的貓奴，坦白說，養幼貓比較吃力。因為幼貓還在發育中，抵抗力較成貓弱，食慾也較不穩定，腸胃也較脆弱，貓奴需要仔細留意。

另外在行為層面，貓奴需要去適應幼貓的行為，讓他練習用貓砂，陪他適應環境等等。所以飼養幼貓需要更多的耐心與學習。

幼貓比較頑皮，你可以想像一個一歲多的小孩什麼都不懂，什麼都想玩 —— 萌起來好可愛，但破壞起來也是小惡魔 —— 照顧起來會比成貓辛苦。

成貓已經有固定的模式，照顧上相對容易，而他們適應環境能力也會比較好，較不容易生病。

貓　奴　這不就表示成貓的行為很難調整嗎？

小獸醫　可是我覺得行為是因貓咪而異，不見得養成貓就一定會有行為上的問題。我認為不同的貓咪會有不同的個性。而且養幼貓真的比養成貓辛苦，因為幼貓的調皮搗蛋是第一次養貓咪的初學者很難想像的啊！他可能沒事抓你一下，咬你一口，撲你一下，就是好玩啊！

貓　奴　所以小獸醫鼓勵大家養成貓喔？

小獸醫　對對對！！！

同場加映
怎麼換算貓咪的年紀

	貓咪（歲）	人類（歲）
幼貓	1	7
	2	13
	3	20
成貓	4	26
	5	33
	6	40
	7	44
	8	48
高齡貓	9	52
	10	56
	11	60
	12	64
	13	68

	貓咪（歲）	人類（歲）
老年貓	14	72
	15	76＊
	16	80
	17	84＊＊
	18	88
	19	92
	20	96
	21	100
	22	104
	23	108
	24	112
	25	116

備註 ✽
　1　年齡計算，從 6 年後每年 +4。
　2　室內貓平均年齡 10~15 歲，外頭流浪貓約 3~5 歲。
　3　✽ 表台灣男性平均壽命，✽✽ 台灣女性平均壽命。

Q10：必要的檢查 ——
在發揮愛心認養／撿流浪貓回家之前……

小獸醫　　外面的流浪貓比起家貓更容易帶來疾病，因此在發揮愛心帶流浪貓回家時，記得拜訪一下動物醫院讓獸醫師進行以下檢查：

1　皮毛檢查，看看有沒有跳蚤，需不需要驅蟲；甚至有無皮膚病、需不要治療……

2　糞便檢查，看看有沒有寄生蟲的卵囊。糞便挑選原則上不要隔日，最好當天，取一個米粒大小就好。

3　傳染病篩檢。如果貓咪確實從外面帶回，一定要做愛滋病與白血病篩檢。

4　如果還有餘錢，最好也做個基礎血液檢查，可作為衡量貓咪健康狀態的基準。

貓　奴　　那何時該打預防針啊？

小獸醫　　要注意喔，剛剛帶回家的貓咪不建議立刻
　　　　　打預防針。請貓奴們將貓咪帶回家一到兩
　　　　　周後，確定身體健康後，再行施打預防針
　　　　　較為妥當。

同場加映
為什麼要打預防針？

　　預防針的施打是為了預防貓咪傳染性疾病的發生，是藉由施打預防針的過程誘發貓咪身體產生抗體，所以對幼貓來說，建議二個月大的幼貓就開始施打預防針，並且在一個月後再次接種第二次疫苗，確保幼貓體內能夠產生足夠的抗體。

　　由於注射預防針之後會導致貓咪身體抵抗力下降，所以施打前一定要先確認貓咪身體健康無虞，並且在施打的一周內讓貓咪好好休息，盡量不要送貓咪洗澡或帶他出門，避免貓咪出現緊迫的狀況，以降低貓咪生病的機率。更多預防針的說明，詳見 Q26。

同場加映
慎防貓咪互相傳染

　　對多貓家庭來說，要嚴防禁止的絕對是貓咪之間的互相傳染！貓奴因為各種理由帶任何新貓回家之前，除了到動物醫院進行完整與詳細的健康檢查之外，一定要確保家中有足夠空間進行隔離。貓咪之間容易造成互相傳染的如黴菌、跳蚤、耳疥蟲、上呼吸道感染、梨形蟲、球蟲、線蟲等等，都是需要將病貓與其他貓咪隔離至少一個月，並且其他貓咪也都需要接受治療和觀察，以杜絕後患。更多隔離方式詳見Q34。

第二章
貓奴該知道的貓知識
——食物篇

聽過「貓愛喝牛奶，狗愛啃骨頭，兔子最喜歡紅蘿蔔」的說法嗎？事實上，這種說法並不完全正確。

事實上，對多數的成貓來說，喝牛奶會導致拉肚子。所以，千萬別以為人類能吃的東西，貓咪一定能吃！貓咪不能吃的人類食物太多了，本章雖列了一張有毒食物表，但還是要提醒眾貓奴，不確定貓咪能吃的食物先歸於「不能吃」更為妥當，另外就是請詳參 Q11 貓咪所需的營養一題。

　　另外，貓奴們務必鼓勵貓咪喝水，因為貓咪們往往不主動喝水，但他們不喝水對健康的傷害真的太大了……。

Q11：貓咪可以吃人類的食物嗎？

小獸醫　　貓咪需要的營養跟人類、狗類的都不同，貓咪需要的前三項分別是水（約 50 ～ 60%）、蛋白質（30 ～ 35%）與脂肪（20%），另外還有一些少量的維生素、醣類、礦物質等等。所以如何讓貓咪喝水，就是貓奴重要的課題。（喝水的問題請見 Q13）

貓咪是貓科動物，與大貓們 —— 獅子、老虎 —— 同屬肉食動物，沒有年紀大需要少吃肉的困擾，而且肉類能夠帶給貓咪大量的蛋白質與他們無法自體產生的牛磺酸。反過來說，貓咪對碳水化合物，如澱粉、醣類、五穀雜糧等的需求很低。

所以，貓咪終其一生對蛋白質的需求都很高，而動物性蛋白質比起植物蛋白質更適合貓咪。

至於貓咪是否可以食用人類食物，看你說的是哪種食物啦，如果是肉類，我認為可以，但用人類的食物就要注意貓咪的營養均衡，就是得清淡，不能有調味品。

如果沒法掌握貓咪營養，對現代人來說，有很多便利的方式。市面出售的飼料、罐頭、肉餅鮮食等都可以使用。

至於人類吃剩的食物，最好不要拿來餵食貓咪，原因跟上面談的相同，由於人類調味品過多，恐造成貓咪代謝問題。畢竟人類的很多食物是不健康的……（笑）

同場加映
貓咪須要好的蛋白質

　　在貓咪的營養部分，蛋白質的品質與質量對貓咪是很重要的。即便貓咪到了中老年，他對蛋白質的需求仍然很高。如果擔心貓咪老年會有腎臟問題，那慎選好的氨基酸（組成蛋白質的成分）來源非常重要。

同場加映
對貓咪有害的人類食物

　　貓咪跟狗不一樣，狗的飲食習慣隨著跟人類同居生活的密切而越來越傾向雜食的一端，但貓咪仍然在肉食動物的那一端。人類以為美味的食物對貓咪來說跟毒藥無異，可謂「甲之蜜糖，乙之砒霜」哪！

　　備註：貓咪不能吃的東西實在太多了，沒有列的食物不表示可以食用，只是「族繁不及備載」

食物	會造成	最嚴重
牛奶	下痢	腎臟
含咖啡因類飲料（如咖啡、茶）以及酒精類飲料	下痢嘔吐	昏迷
青蔥洋蔥大蒜韭菜類（人類食品可能含有此類添加物，須留意）	貧血下痢血尿	死亡
雞骨與魚骨頭	骨頭尖銳處恐導致卡住喉嚨或食道穿孔	死亡
含可可鹼的食物如巧克力	造成急性中毒、噁心腹瀉嘔吐、心律不整、抽搐、痙攣	死亡
雞肝等動物類肝臟	長期食用會引發步行障礙、骨頭異常	
生食烏賊、章魚、蝦子、螃蟹、貝類	阻礙維生素B1吸收，造成癱瘓或後腳麻痺	
葡萄與葡萄皮、葡萄乾、酪梨、櫻桃、楊桃、草莓、柿子、柑橘類水果以及其他水果種子等等	葡萄（特別是葡萄皮）、楊桃會導致腎功能衰竭，櫻桃會導致昏迷，酪梨中含有貓咪無法吸收的油質等等，柑橘類水果導致腹瀉，多數水果種子因含有氰化物恐導致貓咪腹瀉（總歸一句，水果因維生素過多，反而造成貓咪無法吸收）	死亡
小魚乾、海苔、柴魚	因含有大量礦物質，容易引起貓尿道結石	
生雞蛋	影響貓咪神經系統，造成皮膚病	

Q12：化毛膏、貓草、潔牙餅乾是必要的嗎？

小獸醫　　化毛膏是必要的。由於貓咪是勤於舔舐自己毛髮的動物，化毛膏能夠幫助他們軟化舔入的毛髮並且適當排出（而不是吐出來）。但化毛膏並沒有辦法將毛髮消滅，事實上，化毛膏的用途就是將毛髮軟化而易於排便排除。

平常狀態的貓咪，一周餵食化毛膏一次就可以了。如果成年貓咪因為毛球引起嘔吐的話，餵食化毛膏的量可以多一點，一周兩到三次。至於幼貓，六個月大的幼貓再開始給予化毛膏即可。

貓草與潔牙餅乾，我覺得給予適量就好，畢竟這些不是貓咪生存必需品。貓草可以在與貓咪互動過程中，作為獎勵。潔牙餅可當零嘴點心獎勵，剪趾甲或者洗澡、玩耍後給。

同場加映
貓咪需要保健食品嗎？

　　在這邊特別提一下牛磺酸，對貓咪來說這是不可或缺的胺基酸。因為牛磺酸無法在貓咪體內自行合成，但對於心臟與代謝來說都非常重要。

　　但是其他的保健食品，則與貓咪的個別體質差異有關。建議先與醫生做討論，看自家貓咪有無這類型的需求，再做適當的選擇。

　　貓奴只要選擇完整的飲食跟好的食物來源，都可以取代保健食品使用，尤其現在很多貓食都有添加這類型的礦物質維生素，因此，是否需要額外補充，真的要看個別貓咪的需求。值得注意的是保健食品是輔助品，不能也不適合取代食物，畢竟它只是額外補充品。既然是補充，就是貓咪有缺乏才需要，或是貓咪身體上哪裡不足，需要加強，我們才需要保健嘛！

Q13：如何讓貓咪喜歡喝水？

小獸醫　增加貓咪的喝水量是貓奴很重要的功課，因為主食是肉類的貓咪，必須要靠喝水來代謝體內的廢物，而水喝得不夠往往造成貓咪泌尿道的問題（尤其是公貓）。

貓咪喜歡流動的水，所以你可能發現家裡的貓咪，有時候跑去喝馬桶裡的水或者水槽裡的水，就是因為感覺那些水是活動的。

喵～我都命令貓奴開水龍頭給我喝水喔！

設計一個流動的水，讓貓咪喜歡喝水是很重要的。另外，多放幾個喝水的水盆，或是罐頭裡加些水

也可以增加貓咪的喝水量。但我不建議乾飼料泡水啦，因為用人類的角度來看就好像薯片加水一樣……

　　總之，作為一個盡責的貓奴，請注意貓咪的喝水習慣。記得水盆需要天天清洗，天天換水。最好是放煮過的開水，天氣冷則適當加入一些溫水。

第三章
貓奴該知道的貓知識
——環境篇

「金窩銀窩，不如自己的狗 / 貓窩。」

與其花大錢買許多昂貴的貓用品給貓咪，貓奴們倒不如營造一個隱密的，不容易被人打擾的，專屬於貓咪的空間給他。

　　貓咪對「住」的需求，該是怎麼樣的呢？貓咪要多大的生活空間？貓咪可以養在戶外嗎？需要遛貓嗎？

　　此外，必要的籠飼也很重要喔！許多貓奴在一開始養貓時就放任貓咪在家中自由探險，但某些時候，出於貓咪健康或安全性的考量，貓奴們必須狠下心來適當的限制貓咪的活動空間，而暫時的籠飼或隔離其實是有助於貓咪健康的好方法。

Q14：如何幫新領養的貓咪布置環境？

小獸醫　　通常貓咪到了一個新的陌生環境，許多貓咪容易緊張，對外在環境容易有戒心，而且容易焦慮。我認為還是要給貓咪一個獨自的環境，他可以放心隱藏他自己。用貓籠、貓窩、貓跳台都可以，讓他有個專屬空間，增加貓咪的安全感跟歸屬感。

一個屬於自己的空間是種安全感與歸屬感的來源。

你知道一隻貓在生病的時候往往會躲起來嗎？他們生病的時候就窩在貓砂盆，或者躲在他的貓窩裡面，就像人們生病時會躺在床上一樣。因此，新領養的貓咪，建立他安全感的最好方式就是給他一個獨處的空間。不容易被人打擾，不會有太多聲光，安靜的角落，不要太潮濕，能夠曬到點太陽更好，也可多跟獸醫師討論。

　　所謂的籠飼，就是以大型的貓籠（非外出籠）作為貓咪生活的空間，讓貓咪有自己單獨的空間可作小規模活動，也有休憩的角落，更有貓砂盆等一切貓咪需要的生活設施。

　　籠飼的目的，一是為了醫療上的隔離觀察，另一則是為了安全感的建立。所以僅是短期的措施，而非永遠都是籠飼喔！

　　不管是否為多貓家庭，小獸醫都建議撿回的浪貓最初以籠飼為佳。對貓奴來說，用籠飼作為固定空間，較能觀察貓咪的飲食、便溺行為是否正常，並較容易進行服藥後的後續觀察。而對多貓家庭來說，籠飼隔離法才能真正避免與杜絕傳染病的流行，並提供生病貓咪獨立且不受干擾的休養空間。

另一方面，剛進入室內的浪貓通常都非常恐懼、非常緊張，所以剛開始限制貓咪的活動空間其實有助於增加他對你的熟悉。反之，如果貓奴將浪貓單獨置放於一個房間，你找不到他，他也不讓你找到，這樣怎麼培養貓咪與貓奴之間的感情呢？

Q15：貓咪一直關在室內好可憐喔，我可以養在戶外嗎？

小獸醫　站在醫療的角度，養在戶外的貓咪必須要進行更多的醫療照護。首先必須定時進行體內驅蟲與除蚤。第二，每年要定期施打預防針，以降低被傳染的風險。第三，戶外的環境比較髒亂，所以貓奴必須更頻繁的幫貓咪洗澡、清理耳朵。

貓　奴　養在室外的貓會不會容易遇到愛滋貓？

小獸醫　這種問題都是假設性的。我認為養在戶外的變數很多。跟室內貓相比，很多因素是你無法掌控的，例如在都市中，貓咪容易遇到車禍，或與其他貓咪打架，或被野狗追咬。所謂的意外，就是很難提防。所以，如果可以的話，盡量不要讓貓咪暴露在室

外。而貓咪養在開放的店面、市場等等，貓咪發生意外的比例較室內貓高得多，所以我還是建議貓咪不要養在戶外。

貓　奴　在小獸醫的經驗裡，戶外貓被帶去醫院的主要原因是什麼？

小獸醫　最普遍的原因是寄生蟲，另外就是貓咪在外容易亂吃東西，所以也有腸胃問題。所以既然你想要好好養貓、照顧他，就不要養在戶外（一再強調）！在我們能夠控制的範圍之內，才有辦法照顧貓咪啊！如果要把貓咪放出去，那其實也不算飼養，充其量就是救助，就像你救助流浪貓一樣，因為台灣的環境並不太適合貓咪在外面晃。

Q16：貓咪帶出門 需要留意的事項？

小獸醫　　貓咪出門，建議一定要放在提籠內，而以硬的提籠為佳，比較不會晃來晃去，貓咪比較好站立。否則，貓咪可能會因為過於緊張，一跳就不見了。

老實說，很難尋覓走失的貓咪。根據我的經驗，即便植入晶片，貓咪跑掉後能夠順利找回的比例極低。所以今天不管貓奴帶貓咪去醫院，去寵物店或去朋友家，最好都要確保貓籠的堅固性。如果你的貓咪屬於容易緊張焦慮、社交性比較不足的，最好再加上項圈與牽繩，以確保貓咪不至於因緊張而暴衝走失。

貓　　奴　　我覺得貓咪跑掉比狗跑掉的機會似乎更大，因為他們更容易緊張，似乎更無法控制？

小獸醫　　是啊！所以帶出門一定要有提籠，因為在醫院我們常遇到飼主就直接抱著貓咪走進來，沒有放在貓籠裡面，身上也沒有牽繩——我都替他們捏一把冷汗⋯⋯（千萬不要相信你家的貓咪在外面跟在家一樣⋯⋯）

Q17：我可以像
遛狗一樣遛貓嗎？

小獸醫　　其實我比較不建議這樣做。因為貓咪與狗
不同。狗與飼主之間有個主僕階級的概
念，但一般來說貓咪不會有，所以對待貓
咪不能像控制狗一樣。不知道各位發現過
嗎？貓咪的運動模式，大部分都是跳躍式
的！遛狗，讓狗來個小跑步，對狗與飼主
來說或許是種輕鬆的運動，但貓咪不見得
喜歡。貓奴可能必須強迫貓咪一步一步走
——我曾經看過貓主人拖著不情願的貓咪
往前走……

總之，如果是用牽繩遛貓，帶著貓走路散
步或者小跑步之類的行為，我覺得這件事
情是滿蠢的，所以不建議啦！

另外，貓咪是自主性比較強的動物，並不適合用牽繩控制。即便一般在訓練貓咪服從或簡單的行為調整，都不太使用牽繩的方式訓練（牽繩隱含著控制與服從階級的意義，是訓練狗的技巧之一）。

不過，關於貓咪散步的問題，也是有獸醫師支持貓咪散步的。故請大家自行斟酌囉！

第四章
貓奴該知道的貓知識
——貓奴工作篇

本章非常實用，因為所有問題都是出於一名想偷懶的貓奴想要減少工作份量……然而，對盡責的小獸醫而言——該做的工作都要做啦！

　　閱讀完本章，為了你的貓主子，貓奴工作一定要做好做滿喔！

Q18：一定要每天清理貓砂盆嗎？

小獸醫　你知道嗎？只要天天將貓砂盆清理乾淨，就可以解決大部分貓咪亂尿、亂大小便等問題耶～～

上廁所看似事小，卻常常造成貓咪心理上的緊迫（緊迫是獸醫師的專用術語，是指貓咪感到壓力與緊張）而出現自發性的膀胱炎。白話一點說，貓咪可能因為嫌棄廁所不乾淨、廁所太公開沒有隱私等等因素而憋尿，結果就憋出病啦！所以貓奴們，如果你家的貓咪因為貓砂盆不乾淨，不想進去而憋尿導致發膀胱炎，這豈不是因小失大？

貓奴們是不可以偷懶的——一個舉手之勞就可以省掉去醫院的花費：請你每天都將

排泄物清理乾淨，維持貓砂盆乾淨。一天
鏟一次不夠，那就多鏟幾次。多貓家庭，
每天多次清理是基本要求喔！

建議每周都要清除所有舊貓砂，並將貓砂
盆清洗後，更換新貓砂。

此外，在 Q2 提過貓砂盆數量是 N+1 個，
要記得喔！

對對，差點忘了說，在貓砂盆位置的選擇
上，最好選在安靜隱密的角落，也不要把
貓砂盆跟水盆與食盆放在一起，誰喜歡在
廁所旁邊吃飯喝水啊？

同場加映
緊迫與自發性膀胱炎

小獸醫	當貓咪出現緊迫的狀況，整隻貓的外觀會呈現一個警覺的狀態，你會看到貓咪的毛髮豎立，瞳孔放大，並開始分泌腎上腺素。
貓　奴	那貓咪緊迫會怎麼樣？
小獸醫	輕微的緊迫，可以發現貓咪沒有像平常那麼放鬆，而且貓咪的行為動作會改變。至於嚴重的緊迫……曾經有位飼主帶貓咪來看診，當飼主從籠中剛把貓咪帶出來，貓咪就緊張到休克了！
貓　奴	好嚇人喔！
小獸醫	有些貓咪來醫院的情況是你們無法想像的，常常一從籠中放出來就跳啊、抓啊，用生命跟你搏鬥。雖然這個案例聽起來很極端，卻是實際發生的事件。在此我

要提醒各位，貓咪不是放在那裡養就好，他不是觀賞用植物，當他緊迫到一定的程度，貓咪會休克，甚至死亡。如果長期處於緊迫狀況下是不健康的，免疫力會降低，讓貓咪容易生病。

貓　奴　　就跟人的精神壓力很像啊……

小獸醫　　對，就如同我們人體處於腎上腺素持續分泌的情形，抵抗力會變差一樣。貓咪自發性膀胱炎發生的主因就是來自貓咪的緊迫，會出現排尿不順（焦慮地在便盆裡不斷撥沙、頻繁的進出廁所然後焦慮的嚎叫等等）的狀況，但是當我們採驗尿液，做病理檢查的時候，尿液並不會出現發炎反應。

貓　奴　　所以自發性膀胱炎，就是貓咪對尿尿很焦慮，但是他的尿液本身並沒有發炎的反應？

小獸醫　　對。

貓　奴	並不是因為貓咪感染了什麼，而是他自己內分泌可能出了問題，例如憋尿等等？
小獸醫	對，憋尿就是一種緊迫，不然為什麼貓咪不想上廁所？就是緊迫所造成。通常獸醫師對於自發性膀胱炎的用藥不是給消炎藥，而是給抗憂鬱或鎮定劑之類的藥物，以及止痛藥物。
貓　奴	那不就是心理焦慮所引發的生理疾病？
小獸醫	對啊，貓咪比起狗來，就是容易緊張焦慮的動物……不然我寫這本書幹嘛，就是要提醒大家要細心一點照顧貓咪啊！

阿妮小劇場「獸醫觀察學」
~小獸醫緊迫現象~

喵~小獸醫先生太壞了，一直在說我們很容易緊迫啦喵！

但根據我作為一個「獸醫觀察學系」的學喵，證據顯示，小獸醫先生也會緊迫啦喵！而且主要有三種情形：

就貓咪族啦

1. 我同族的 住院後，他家的貓奴一直去看他、一直去看他、一直去看他……

喵~小獸醫就要一直解釋、一直解釋、一直解釋，沒時間上廁所呢，就緊迫了……

2. 貓族或狗族的朋友根據診斷已經到了需要住院的地步，但他的飼主捨不得貓咪住院

覺得會受苦而不治療……

喵~小獸醫對於能醫卻不能醫的狀況，常常有無語問蒼天的緊迫感啊~

3. 帶來看病的貓奴對貓主子的狀況很不了解，講了一大堆卻對重點一問三不知……

小獸醫通常會忍下來，但重複情形越來越多，他處於長期的壓力下，很緊迫……

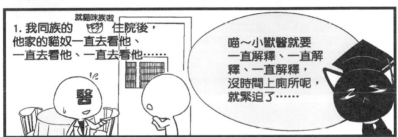

同場加映
貓奴說貓砂

貓砂是市場上的熱門商品,光種類就有水晶砂、豆腐砂、木屑砂(松木砂)、紙砂、礦砂等等,以下跟大家分享貓奴的私房經驗(並非專業研究):

	水晶砂	豆腐沙	木屑砂	礦砂	紙砂
是否凝固	×	○	有崩解款/也有凝結款	○	○
粉塵	我覺得有	我覺得有,只是少	有木屑粉塵	我覺得很多	我覺得少
除臭效果	好	我覺得有一些些(可能是豆腐味)	我覺得有一些些(可能是木屑味)	好	差
價格				最便宜	
重量				最重	輕鬆到你覺得自己是大力士
清理難度	容易刮壞貓砂盆	粗魯的貓還是會把顆粒帶出	需要用雙層貓砂盆	顆粒太小容易被貓爪子帶出	粉塵
環保		可沖馬桶＊	可沖馬桶＊		

其他特色	顆粒不固定	有種特殊味道		顆粒人小	
貓奴評價	容易刮壞貓砂盆	有種味道	味道強烈	很便宜但粉塵太大	貓咪跟我都不太習慣
貓咪喜好程度			你得請自己的貓咪試試看才知道,有些貓咪可是會挑貓砂的唷!		

備註 ✽

據說可沖馬桶啦,只是我對台灣的馬桶跟管線沒太大信心,我還是很怕馬桶堵塞……

Q19：一定要陪貓咪玩嗎？

小獸醫　　對我們人類來說是陪玩，但對貓咪來說則是互動。在互動過程中，貓奴可以觀察貓咪、了解貓咪的個性，並培養彼此的感情。用逗貓棒逗貓咪，讓你和貓咪彼此的連結更緊密，貓咪以後也會找你 —— 因為你好玩嘛！

貓咪其實有 1/2 到 2/3 的時間都在睡覺，可以說，貓咪終其一生有一半的時間都在睡覺。所以，對現在室內飼養的貓咪來說，運動的時間真的少之又少，再加上現在最常見的飲食過剩，因此適度地玩耍可以增加貓咪的活動力，增加他體能的消耗，降低貓咪們日漸增加的肥胖問題。（貓咪的肥胖問題，詳見 Q54）

Q20：一定要幫貓咪梳毛嗎？

小獸醫　　貓咪一年有兩次的換毛期，分別是春夏之際與秋冬之際。

我的建議是，長毛貓要，短毛貓或許可以不用。

長毛貓要特別留意毛髮打結的問題，而且常常梳毛比較不容易藏汙納垢，避免皮膚病。

梳毛有助於促進毛髮的血液循環，加上皮膚的摩擦，可幫助皮膚的健康。

至於貓咪是否一定要梳毛呢？的確我們談得不像狗的那麼多，因為貓咪自己會理毛，所以（對沒空的人來說）大部分是不用梳毛的。

倘若你對貓毛過敏，常常幫貓咪梳掉廢毛，或許可減少貓毛在空氣中飄散的機率。

Q21：一定要 幫貓咪洗澡嗎？一定嗎？

小獸醫　　如果是室內貓，就是養在家裡的貓咪，我的建議是 1 到 2 個月洗一次。

貓　　奴　　那可以不要洗嗎？小獸醫你不是說貓咪自己會舔毛清理？

小獸醫　　還是建議要洗。雖然貓咪自己會去清理毛髮 ，他們也很愛乾淨，確實不需要像狗一樣頻繁的洗澡，而且他們也少有濃郁體味，但我還是建議要洗澡。不過，這沒有標準答案的啦！我建議要洗澡的理由：透過洗澡，可以檢查貓咪的皮膚、耳朵是否有任何問題，例如是否有耳垢、耳朵是否發炎、皮膚是否有黴菌等等。

由於很多貓奴會將貓咪送洗、剃毛，這另
外產生的附加價值是「送洗」這個過程
是貓咪社會化的好時機。透過帶貓咪去洗
澡，讓他們換一個環境，而非一直待在同
一個環境，可以增強貓咪的適應力。當
然，如果貓咪洗澡時容易緊張、激動，那
我就不建議送洗了，真的沒有標準答案。

Q22：一定要幫貓咪剪趾甲嗎？如何幫貓咪剪趾甲？

小獸醫　這個問題真的很棒……我是認為一定啦！貓科動物的趾甲有尖銳的倒鉤，那是他們打獵的武器，但是在現代社會，貓咪與人類一起生活，過長的趾甲在互動過程中會割傷人類、破壞家具。而對於獸醫師來說，任何一隻貓咪到醫院看診，我們第一個動作就是先幫他剪趾甲……

貓　奴　聽起來小獸醫也是「利爪」受害者。

小獸醫　大部分貓咪都不喜歡被摸腳，更別提剪趾甲了，如果能在幼貓時期就讓貓咪習慣摸腳與剪趾甲，當然是上上之策。如果你的貓咪就是不愛剪趾甲，甚至大力掙扎抗拒，那就別太勉強他了，再找其他良機吧！

貓　奴　對啊，我家的貓咪也很討厭剪趾甲，所以我都會在剪趾甲前先好好地摸摸貓咪，讓他們有呼嚕的好心情才開始動作；在剪完趾甲之後，我也會不爭氣地立刻送上小點心……這樣的方式，可以明顯感受到抗拒的程度是越來越低了，原來糖衣砲彈的方式還真是有效啊！

小獸醫　另外要注意的，後腳趾甲通常較前腳趾甲短，剪的時候一定要睜大雙眼看清楚趾甲裡面血管的位置，不要剪太短，剪太多貓咪會流血喔！

貓　奴　那如果剪到流血怎麼辦啊？

小獸醫　在流血的地方擦一些止血粉，等血凝固就好了。（貓奴自己幫貓咪剪趾甲，也要備妥止血粉）

Q23：一定要幫貓咪清理耳朵嗎？ 真的不可以用棉花棒嗎？

小獸醫　嗯……就像人類需要洗臉一樣，耳朵清理就是清潔的一部分，清理的過程也可以順便檢查貓咪是否有任何異狀。

正常的貓咪只有少量的耳垢，也沒什麼味道，所以幫貓咪洗澡的時候，順手清潔即可。但是，當貓咪耳朵受感染或發炎的時候，耳垢就會異常增生。這時就是獸醫師需要出場的時候了！

我認為幫貓咪清耳朵跟洗澡一樣，不用那麼頻繁的進行。很少貓咪喜歡清理耳朵這件事，能夠乖乖地坐好讓貓奴清理耳朵更是罕見。

貓　奴　為什麼帶去寵物美容店都沒問題？

小獸醫　　對啊，這就是很典型的「欺負主人」！真的很多貓咪就是這樣！至於棉花棒的問題……**我不贊成使用棉花棒**清潔，因為貓狗的耳道都是類似 L 型，這樣容易把耳垢往深處推擠。不過，如果只是外耳的清潔，當然用棉花或棉花棒就沒問題──我說的是外耳殼喔！

　　　　　所以一般的清理，我們建議使用清耳液清洗。將清耳液倒入耳道，輕輕按摩貓咪耳朵根部，讓清耳液充分溶解耳垢後，放開手讓貓咪甩甩耳朵，再用乾淨的棉花或衛生紙將耳殼上的耳垢與清耳液擦乾淨即可。

貓　　奴　　可是很容易被噴到。

小獸醫　　沒關係，自己的貓嘛！（忽然表情嚴肅）但請注意喔，我們並不建議幫貓咪耳道拔毛，以及用棉花棒或挖耳棒等東西挖耳朵等行為，尤其是貓咪耳朵發炎的時候，這樣的動作會讓貓咪更不舒服。

同場加映
貓咪的體溫測量，為什麼不能量耳溫？

貓咪的耳道跟人類耳道不同，所以人類量耳溫跟實際溫度比較接近，但貓咪耳朵有個轉折，所以量耳溫不準確，還是量肛溫比較準確。一般貓咪的體溫約在攝氏 38~39 度。

Q24：為什麼有些貓咪的屁股有怪味呢？如何幫貓咪擠肛門腺？

小獸醫　臭味應該是指肛門腺分泌出的味道吧！肛門腺在肛門口附近四點鐘跟八點鐘方向。當貓咪在緊張時候，肛門腺會分泌出一種難聞的味道 —— 這是貓咪的防衛機制。

貓　　奴　為什麼有些會臭，有些不會呢？

小獸醫　不會臭的原因，可能有些貓咪在上廁所的時候已經隨著排泄物噴出來了。或者飼養在室內的貓咪，因為生活安逸，少緊張，而較少分泌這種味道。

　　　　至於清潔部分，我建議幫貓咪洗澡的時候順便清理。清理的方式就是食指跟拇指斜以斜向四十五度角的方式按壓肛門腺。

擠肛門腺不是件容易的動作，貓咪比狗更容易緊張掙扎，因此在進行之前要做好準備，可請一或二位小幫手協助，避免遭受貓咪抓傷或咬傷。

貓　奴　貓咪會因為肛門腺的臭味彼此攻擊對方嗎？

小獸醫　不會。

貓　奴　一定要擠肛門腺嗎？如果貓咪的肛門腺不會臭、沒有發炎，是否不用擠？

小獸醫　我還是認為應該利用貓咪洗澡的時候順便擠一下比較好，過度腫脹或堆積的肛門腺液體，容易造成肛門腺發炎！

Q25：貓咪嘴巴很臭，需要刷牙嗎？

小獸醫　　根據統計，三歲以上的貓咪 85% 有牙周病，而牙周病會造成貓咪牙齒附近紅腫發炎，也是早期掉牙的主要原因。若沒有妥善處理，老貓的口腔疾病，容易因為細菌栓子而影響心臟、腎臟、肺臟等器官。因此，貓咪跟人類一樣，都需要保持口腔健康 —— 貓奴們必須勤幫貓咪刷牙！

若你的貓咪能夠接受刷牙（此處指的是不掙扎得太厲害），貓奴可以用市售的牙刷跟紗布去做簡單的牙齒清理。這些刷牙、潔牙的動作，目的是為了減少牙菌斑形成，減少齒垢產生，避免貓咪產生牙周病。然而，我們也都知道，能夠乖乖讓你刷牙的貓咪很少見，所以其他選擇就是藉

由潔牙產品輔助來減緩牙菌斑、牙結石的產生。不過,潔牙產品往往無法照顧到貓咪牙齒內側與深層部分,所以定期上動物醫院洗牙仍然是固定的保健工作,不能省略。

貓　奴　就跟人定期洗牙一樣?

小獸醫　對。

貓　奴　老貓牙齒一定會掉光嗎?還是洗牙就可以保住他的牙齒?

小獸醫　如果貓咪有定期的保健與護理,那麼牙齒就可以用很久。如果貓咪有口腔疾病或牙齒疾病,那麼牙齒就容易脫落。

第五章
貓奴該知道的貓知識
──醫療保健篇

本章談了多數貓奴們有疑慮的三大醫療主題：預防針、健康檢查，與結紮（節育），由獸醫師的角度來說明為什麼、做什麼，以及如何做。

　　這三者皆為了預防貓咪生病。預防針可降低貓咪感染傳染病的風險，健檢可早期發現貓咪是否生病了，節育則能防止貓咪性腺所引發的相關疾病。

Q26：一定要打預防針嗎？
何時該打預防針呢？

小獸醫　原則上，所有的貓咪每年都應固定施打預防針。或許貓奴曾經聽過疫苗注射性的腫瘤（施打預防針所導致的腫瘤），而對施打預防針產生疑慮。如果貓奴有這樣的擔憂，而且你的貓咪並不出門，也不會跟外面的貓咪接觸，那麼二到三年打一次也是可以。

如果你是多貓家庭，貓咪是群居，而且你的貓咪三不五時會帶到寵物店洗澡，偶爾也會帶他們出門外交，那我還是建議每年都要打。

即使腫瘤很可怕，但注射預防針的目的是為了要預防傳染性疾病的發生，倘若因害怕腫瘤而不施打，雖避開了萬分之一機率

的腫瘤，卻提高了貓咪感染致病的機率（機率約五成），這點值得貓奴仔細審慎思索。

施打預防針的時間，如果是幼貓，因為免疫系統還不完善，所以我們必須多次施打，多次誘發他的抗體；至於成貓，一年一次就夠了。

預防針的種類，一般來說有三合一、五合一及狂犬病，至於要施打何種預防針，何時適合打預防針，為求審慎，建議仍與獸醫師進行詳細討論與評估。

同場加映
疫苗相關腫瘤（VAS，Vaccine Associated Sarcoma）

其實已有國外的論文和研究討論此病狀，然目前對於誘發腫瘤的確切原因仍不明，坊間的說法認為和以下因素可能有關：疫苗本身、注射的部位和注射的方式、貓咪本身的體質等等。注射後誘發腫瘤的時間可能從二個月到十一年不等，臨床上統計發生的機率約略為 1/10000 ～ 1/30000；而發生的種別上以波斯貓似乎稍微偏高。

這類肉瘤（大部分是纖維肉瘤 Fibrosarcoma ），幾乎都是惡性的，且可能波及大範圍的身體面積，造成難以切除乾淨的問題，因此復發率很高。如果遇到反覆再發或轉移的問題，手術後復原的情形多半不佳。

臨床上如果早期發現，即早切除是較好的方式。因此飼主對於這一類問題需要充分了解，同時經常性的留意貓咪體表的任何變化。

為了提高飼主對於 VAS 的警覺性，以下提供 3-2-1 法則，下列三點只要符合一點，請盡速就醫：

（對疫苗注射部位的觀察）

1 注射後的 3 個月，仍舊觀察到腫塊存在。

2 腫塊的立體直徑在 2 公分以上。

3 注射後的 1 個月，腫塊仍持續變大。

　　雖然這類腫瘤惡性程度很高，但是只要及早發現後做大範圍的外科切除，都可以收到良好的效果。另外，只要被認定有 VAS 的貓咪，未來都不建議再接種任何疫苗！

同場加映
老貓也要每年打預防針嗎？

貓奴	年紀太大的貓咪還是要每年打疫苗嗎？不會危險嗎？
小獸醫	打預防針的目的是為了讓貓咪身體擁有疾病抗體，所以打預防針跟年紀沒有太大關係。至於是否要每年打預防針，可以考量貓咪的外交情況，只要貓咪會帶出門、會跟其他貓咪接觸，那麼每年打預防針以避免傳染性疾病的發生是重要的。

Q27：一定要健康檢查嗎？為什麼？

小獸醫　貓咪就跟人類一樣，年輕的時候不太容易生病，但隨著高齡化時代的來臨，醫療的進步，貓咪的壽命也越來越長，十幾歲貓咪比比皆是。

高齡貓咪所面臨的風險就是慢性病的到來。健康檢查的目的就是及早發現疾病，及早預防勝於事後治療。

我的看法是，由於目前寵物保險還不普遍，對貓奴與獸醫師來說，健康檢查的必要性就類似貓咪一年一次的保單，透過一年一次的檢查，除了追蹤貓咪的身體狀況之外，更是一種尋求及早發現疾病的機會。任何疾病惟有早一步發現，才能讓獸醫與貓奴們都不至於抱憾。

同場加映
貓咪所需要的醫療項目

貓咪各年齡所需要進行的醫療項目（家貓）				流浪貓
年齡（出生後）	預防針	醫療項目	其他	
1 個月		理學檢查和糞便檢查	長乳牙、學用貓砂	（第一次來動物醫院）
1.5 個月		理學檢查和糞便檢查	除蚤滴劑	理學檢查和**糞便檢查**、皮毛檢查、**傳染病篩檢、外寄生蟲**，小病毒腸炎，抽血檢查（如果預算可負擔）
2 個月	施打第 1 劑疫苗（貓三合一疫苗或貓五合一疫苗）	愛滋病、貓白血病快篩、體內外驅蟲	一般除蚤滴劑開始使用、心絲蟲預防	
3 個月	施打第 2 劑疫苗（貓三合一疫苗）、狂犬病疫苗	體內外驅蟲		與一般貓咪相同
5-6 個月	前兩劑疫苗施打後，按最後施打時間的隔年開始，每年施打疫苗	最佳節育手術時間		
2 歲以下（年輕貓）	建議每年施打	每年 1 次理學＋基礎血檢	定期體內外驅蟲	與一般貓咪相同

2-6 歲 （壯年貓）	建議每年施打	每年 1 次 理學＋基礎血檢 每年進行口腔檢查和評估洗牙（每 2.5 年洗牙 1 次）	定期體內外驅蟲	與一般貓咪相同
7-9 歲 （熟齡貓）	建議每年施打	每年 1 次 完整血檢與內分泌檢查	尿液、X 光、超音波等等之檢查	
10 歲以上 （老年貓）		建議每半年健檢（如果有特別狀況，如心臟、腎臟等問題需定期回診）	老貓好發腎臟、腫瘤、心臟、內分泌疾病	與一般貓咪相同

Q28：一定要結紮（節育）嗎？

小獸醫　　結紮這個詞意味著把貓咪們的輸精管、輸卵管紮起來叫做結紮。而目前獸醫界的做法是把母貓的子宮卵巢以及公貓的睪丸拿掉，所以稱作「節育」比較適合。

很多人可能覺得把貓咪性器官拿掉很殘忍，很不人道。但站在醫學的角度，除了人類之外，性器官的主要而且唯一用途就是繁衍後代。臨床研究更發現，節育後的貓狗壽命會延長，更能防止性腺引發的相關疾病，如母貓的子宮蓄膿、子宮或卵巢囊腫、乳房腫瘤等等問題，以及公貓的攝護腺相關疾病。除此之外，也能減少貓咪性刺激的衝動與降低攻擊行為。

節育可能的風險就是手術麻醉的風險以及貓咪發胖的副作用。但權衡輕重下，一般獸醫師還是建議節育。

除此之外，當貓咪處於發情狀態時，原本安靜乖巧的貓咪卻開始產生噴尿、作記號、容易焦慮、哀叫整晚等等行為，這些問題其實也讓貓奴很困擾。

貓　奴　　對，這不是平常的貓咪＝＝

小獸醫　　所以從這個角度考量，貓咪在發情的時候反倒是更辛苦的，所以節育手術有助於貓咪性情的穩定。

節育手術的時間點，建議大概在貓咪六個月大左右，公貓母貓都可進行。目前的節育手術已經是一種相當安全的常規手術。手術需要麻醉，貓咪在麻醉前 8 小時應該禁止飲食和飲水，以便胃部排空。不論公貓母貓，在手術後 2 周內不可洗澡和讓傷口碰水。

手術後的最初兩三天，貓咪可能食慾變差，貓奴可斟酌給些營養劑，並盡量給予貓咪安靜的場所讓他好好休息。

貓　　奴　可是節育後，有些母貓還是會翹屁股，有些公貓還是有攻擊性哪！

小獸醫　母貓翹屁股是因為撒嬌啦，不見得是發情喔！至於公貓攻擊性……我們做節育手術只是把他的性腺拿掉，雖然衝動與攻擊性一定會減少，但是如果這隻貓咪本身性格容易緊張害怕，那攻擊性仍然會持續存在——不同貓咪有不同個性呀！

補充一下，貓咪不用等到發情的時候再節育，可以的話盡早做比較好——何苦等到貓咪年紀大了，再讓他來承受麻醉與手術過程呢？

貓　　奴　那貓咪發情的時候可以做節育手術嗎？有人說發情時做節育會影響到貓咪的個性？

小獸醫　公貓不會發情，所以隨時都可以節育。母貓在發情的時候，性器官會有充血的狀

態，但原則上不會影響手術的進行，所以答案是「可以」。

至於是否會影響貓咪的個性⋯⋯我猜想你要問的可能是貓咪是否會「性情大變」吧？我想是不會的。不過可能有兩種狀況可能會發生：一是手術後引起傷口疼痛，所以貓咪會表現精神不振或是自閉。另一種情況是由於節育手術等於永久阻斷了賀爾蒙的出現，但原本在體內的賀爾蒙依然存在，所以你可能覺得公貓怎麼還是好鬥，母貓怎麼還是撒嬌滾個不停，這種情形只是短期現象，等賀爾蒙代謝掉就沒事了。

此外，節育後的公貓，半數的行為問題都會緩解。

第六章
貓奴該知道的貓知識
——其他篇

因為貓奴問了一些有趣但難歸類的問題，所以統一整理在本章。

　　首先是關於貓奴與貓咪親密互動的問題，接下來談談帶貓咪串門子這件事。小獸醫認為，若貓咪不會強烈排斥或抵抗，適當地串門子有助於增強貓咪的社會性，降低貓咪的恐懼或焦慮。

　　最後，本章討論了愛滋貓以及如何照顧愛滋貓，也請別再誤會他們會傳染給人類了喔！

Q29：貓奴與貓咪的親親咬咬抱抱好嗎？

小獸醫　貓咪跟狗不同，不太會主動親吻主人等等。

貓　奴　但會咬咬主人？

小獸醫　站在衛生的角度，我認為貓奴跟貓咪親親
（依然嚴肅）咬咬不太好。但站在疾病的角度，貓奴是否會因這種親密接觸得到傳染病，答案是不會。如果你覺得衛生不是很大的問題，那就沒問題。

貓　奴　那是指對人不衛生還是對貓咪不衛生？

小獸醫　　對人不衛生啦！

貓　奴　　喔，那為何貓咪喜歡靠近人的頭髮或鼻子
　　　　　間，聞來聞去？

小獸醫　　應該是因為貓咪聞到特殊味道想要去靠
　　　　　近。如果貓咪跑來聞聞你的嘴，那是貓咪
　　　　　間打招呼的方式，類似「你吃飯了沒」這
　　　　　樣的互動方式。

Q30：帶貓咪去串門子（去朋友家）或是帶到貓餐廳等地方好嗎？

小獸醫　我個人的看法是「很好」。這能促進貓咪的社會化、外交能力、人貓關係，也可讓貓咪接受一些外在的刺激（當然不要過於頻繁），而這讓貓咪以後來醫院比較不容易緊張。

喵～
人家不愛去醫院啦～～

另一方面來說，假如貓咪天天都在家裡面，三、五年才出門來醫院一趟，長期養尊處優在他習慣的環境內，那麼，「串門

子」的方式就像是人類小朋友參加夏令營或上學一樣，讓他們能夠短時間脫離長久居住的環境，學習獨立。

但是，很重要的，貓奴必須留意你帶貓咪出入的環境，並觀察貓咪進入後的行為。曾經有一個案例，貓咪入住貓旅館，結果得了傳染性腹膜炎回來（傳染性腹膜炎是絕症）。當然，這僅是一個特別的案例，只是提醒一下，就像帶小朋友去一個地方，父母也要多加留意環境的安全一樣啊！如果是家庭之間互相拜訪，感染傳染病的風險較低，只需要留意貓咪間打架的問題（如果對方的家庭也有貓咪）。如果是貓旅館或貓餐廳等有多貓進出的場合，就要注意其對出入貓咪是否有相關規定，例如病貓或未打預防針的貓咪不得入住等等。但整體來說我是贊成帶貓咪外出社交，因為適度的外交與外出可以強化社會化的能力。

貓　奴　　那可以反過來問，我可以在家裡招待客人
嗎？

小獸醫　　當然啊，你看阿妮跟我家的小丸子就知道
了（阿妮是奇異果文創店貓，小丸子是博
愛動物醫院店貓）

喵喵喵喵喵
對啊對啊～～

貓　奴　　可是如果家裡的客
人帶他的貓來呢？
我的經驗都是不好
的欸！

小獸醫　　因為貓咪打架的機率比狗更高，貓奴必須
更加小心。可能有所謂的地盤問題，就
像家裡有阿妮一隻，如果有外來的貓咪來
玩，有時候阿妮會很不開心……可是我覺
得還是要看每隻貓咪的個別狀況啦！

我家常常有隻小鸚鵡來，
但貓奴都不讓我跟他玩！

你想的玩法可能跟
小鸚鵡想的不一樣……
我想小鸚鵡大大
沒辦法配合喔！

小獸醫　如果貓咪長期有跟人或其他貓咪互動的經
　　　　驗，比較可能有交朋友的空間。但真的要
　　　　看個別貓咪狀況啦！可能一開始會哈氣，
　　　　但之後變得如何，貓奴可以持續觀察。只
　　　　是請各位注意，貓咪出門的頻率不用像狗
　　　　一樣多，畢竟貓咪還是以家為重，刺激過
　　　　度反而造成貓咪緊迫就得不償失了。

同場加映
貓奴小測驗

如果貓奴需要離家出走……歐不，是外出旅行／工作，下列那種方式對貓咪最好？

1　住貓旅館。
2　送到（有貓的）親朋好友家寄住。
3　送到（無貓的）親朋好友家寄住。
4　請親朋好友或付費請貓保母定期來家裡照顧。

小獸醫　　**4** 比較好。至少在貓咪的世界裡，唯一改變的只有餵他吃飯的人。很難預測主人短期不在的情況下，貓咪會有什麼變化，是否會亂尿床、嚎叫，或者若無其事。畢竟每隻貓咪對外在環境接受程度不同（小獸醫多次強調）。
　　　　　如果親朋好友過來家中不方便，那住貓旅館也是好的，只是真的看每隻貓咪狀況而定。

貓　奴	狗好像住狗旅館比較容易欸，不像貓咪這麼難搞？
小獸醫	有些社會化不好的狗，也不是那麼適合住狗旅館。我還是強調，很難預料送一隻狗或一隻貓到陌生環境的情形，有可能他這一次很好，但下一次在同一地點碰到新的狗或貓或其他變數又有不一樣的狀況發生。 我個人比較不認同開放式的寵物旅館，因為站在醫療角度，可能有傳染病的疑慮，還有意外狀況，例如彼此之間打架傷害等的問題，以及有沒有可能誤食什麼來路不明的東西；所以住外面的寵物旅館，我覺得一狗一間（一貓一間），用關籠的方式相對安全。 選擇寵物旅館，要找管控品質良好的，例如是否按時打預防針、驅蟲、除蚤，住宿環境是否定期消毒，該寵物旅館人員是否對寵物有專業知識等等。

Q31 : 什麼是愛滋貓？

小獸醫　貓免疫缺陷病毒（FIV），常被稱為貓愛滋，與人類的愛滋一樣，病毒針對免疫系統攻擊，發病後無法治癒。感染途徑經由唾液、傷口傳染，或是懷孕母貓傳染給小貓。

人類的愛滋與貓咪的愛滋並不相同，目前沒有人貓交叉感染的。愛滋病帶原的貓咪可能終其一生不會發病，甚至可能因為帶原而產生抗體，生活作息與正常貓完全相同。

貓　奴　如果愛滋貓有感染其他貓的疑慮，是不是只能養一隻貓？

小獸醫　如果這隻貓個性穩定，沒有攻擊性，同時可以跟其他貓共處，只要能確實避免貓

咪因打架之間的咬抓傷發生，那麼或許可以跟其他貓咪共養在一起。但貓奴若有這樣的疑慮，那麼隔離飼養是較好的方式。（再強調一次）愛滋貓可能有愛滋病，但他可能終其一生都跟正常貓一模一樣，只是身體有帶原。在臨床上真正發病是少數，帶原的則是多數。

貓　奴　愛滋貓現在的比例高嗎？

小獸醫　我手邊沒有相關數據，不過根據經驗判斷，領養的流浪貓，愛滋貓的比例可能會比較高，家貓比較少。所以有愛心的貓奴一定要替浪貓做愛滋篩檢！

　　　　還有，補充一下喔，愛滋貓可以跟狗養在一起啊，如果合得來的話，貓狗之間不會互相感染。

第七章
我家的貓咪
生病了嗎？

網路大神提供了許多便利，讓認真的貓奴們能在第一時間就大量瀏覽與貓咪疾病有關的知識，這讓現代貓奴們對貓咪的疾病與治療方式已經不再像過去那般陌生。

　　本章先撇開對於疾病本身的描述與討論，在此想要談的則是在貓咪生病時所出現的異狀，而這些資訊，希望能提供讀者們作為觀察自家貓咪的指標。

Q32：我家的貓咪生病了嗎？
（判斷貓咪生病的 SOP）

小獸醫　　要判斷貓咪是否生病了，身為一個合格的貓奴必須先問問自己，是否知道自己貓咪平日正常的狀態？如果你很清楚貓咪的狀況，那麼一旦這些狀況改變，極有可能是生病了，或者是貓咪產生心理焦慮。（焦慮的症狀另可參考 Q52）

以下是可以衡量的客觀指標：

1 食慾是否有所改變？
例如：食慾增加，食慾減退，食慾廢絕（就是完全不吃）。

2 精神上是否改變？
例如：變得興奮，變得沮喪，變得自閉，跟以前相比不太理人等等。

3 喝水量，排尿量的是否改變？

例如：突然大量喝水，尿量大增。

4 活動力是否改變？

例如：過於激動，突然有氣無力。

5 明顯的異常症狀？

例如：嘔吐，拉肚子（軟便），打噴嚏，喘氣。

6 外觀上是否有所改變？

例如：皮膚，毛髮，黏膜色澤。

7 行為上是否改變？

例如：突然變得有攻擊性，做一些以前不會做的事情。

建議貓奴們採用以上的指標去衡量貓咪，並將你比較後的結果告訴獸醫師，一來，貓奴不至於有過分誇大的描述或是輕忽了症狀，二則可以提供獸醫師在診察過程中獲得充分資訊。

貓　奴　　什麼是黏膜色澤？

小獸醫　　這比較屬於獸醫師的檢查範圍，黏膜色澤
　　　　　主要觀察貓咪口腔的顏色，眼瞼的顏色
　　　　　（獸醫師會翻開貓咪的眼皮檢查）是否正
　　　　　常屬於淡粉紅色，如果偏白或者偏向大紅
　　　　　色，都屬於不正常的狀態。

同場加映　小獸醫給貓奴的真心告白：
　　　　　　　好好觀察，早期發現，早期治療

為什麼觀察異狀是如此的重要？在我臨床診斷的經
驗裡，看過太多太多不捨的眼淚。我總是想，如果貓
奴能夠清楚的觀察並描述異狀並且能及早就醫，會不
會還有一線希望？

貓奴往往是居家的第一線防衛者，是最貼近貓咪也是
最能掌握貓咪生活作息，最能察覺貓咪是否有異狀的

第一線接觸者。然而所有的異常來自於觀察，而觀察的能力來自於學習。我們能救回動物，有時並不是因為醫療技術的強大，而是因為貓奴在第一時間察覺異狀而當機立斷的送醫處理。

也因此醫院只是第二線，而生命往往就在瞬息間消失，除了讓醫者感受到自身能力的有限和渺小外，更讓我深深覺得，讓貓奴學得如何觀察自家的貓咪，才能確確實實的守護貓咪的健康幸福。

至於貓咪實際上是得了什麼病，我的臨床經驗是沒有任何一隻貓咪會按照教科書上的描述去生病。換言之，任何的疾病都有可能產生不同的病程跟結果，所以在篤定的判斷貓咪得了某某病的同時，不要忘了帶貓咪就診，讓醫師就貓咪的客觀情形進行診察，會更妥當。

Q33：為什麼貓奴需要準備一本貓咪健康紀錄？

小獸醫　　有時在醫院工作最大的困擾並不是來自於貓咪無法溝通，不願意配合診療，而是貓奴們無法確切描述貓咪的病狀、行為、生活作息。至於貓奴太忙，拜託家人帶貓咪來看病的情形更為常見。我能夠理解現代貓奴為了賺錢養貓的忙碌程度，然而站在獸醫師的立場，如果貓奴沒有辦法提供足夠的資訊，那麼看病就只能單就貓咪在醫院的外觀進行判斷，而這樣的判斷是有風險的，畢竟獸醫師看不見貓咪在家中的情況。

因此，為了避免誤判，為了獲得更好更佳的診斷結果，同時也幫貓奴們省去記憶的困擾，我建議貓奴們除了日常照顧外，一

定要，必須要，應該要，定期寫下「貓咪健康記錄」，這對多貓的家庭更是重要。以下是貓咪健康紀錄應該有的內容：

☐ 1 貓咪的年紀、貓咪的體重變化？

☐ 2 貓咪的預防針注射紀錄？

☐ 3 貓咪是否曾有過重大疾病，做過那些開刀手術？

☐ 4 貓咪是否有用藥過敏的情形？

☐ 5 貓咪是否有先天性的缺陷？

☐ 6 貓咪的日常作息（吃飯、喝水、排泄、是否嘔吐、是否噴嚏或咳嗽）？

如果貓奴按照 Q32 的指標，已經開始觀察到貓咪出現異常的情形，這時候應針對以下狀態進行紀錄：

1 當貓咪頻繁地出現某種異常行為，如哮喘、不斷地搔抓等等，請準備可錄影的手機或相機，將異常行為錄影下來。

2 一旦發現貓咪有異常的分泌物或排泄物，如異常的尿、糞便、嘔吐物或不明的分泌物與液體，最好能試著收集，並拍照以為紀錄。

Q34：我家兩隻貓咪都一起吃睡，我不知道該怎麼觀察貓咪的吃喝拉撒睡？

小獸醫 　所以貓奴們一定要有「隔離」的概念。只有將貓咪分開，才有可能觀察貓咪的生活狀態與作息是否正常。

該怎麼準備呢？舉凡兩隻以上貓咪的家庭，一定要準備隔離空間。隔離空間可以是貓籠，可以是一間單獨的房間，內有貓咪的飲用水、貓盆等日常用品。當貓奴懷疑其中一隻貓可能生病或行為異常的話，將他與其他貓咪分開，才有助於蒐集貓咪生活與行為相關資訊，而越清楚充足的資訊越有可能幫助獸醫師去釐清病情，才有助於給貓咪更適當的治療。

貓　　奴　　可是貓奴都會覺得貓咪關在籠子裡喵喵叫很可憐啊？不自由欸！

小獸醫　　獸醫師跟其他人類醫師最大的不同之處——我們的病人幾乎都不可能配合我們啊！貓咪生病了會痛、會不舒服，或是會咬開傷口，亂跑、亂跳，無法好好休息。所以適度限制生病貓咪的活動，往往是必要的。例如開刀的貓咪一定要戴頭套，就是為了避免貓咪因為不斷的抓搔或者舔咬，造成傷口無法癒合。畢竟我們不是喵星人，無法跟他們溝通，請他們配合我們的指令，只好透過必要的限制手段來達成讓貓咪健康的目的。

Q35：我家的貓咪吐了，是生病嗎？

小獸醫　　事實上，許多人可能不知道，貓咪是極容易嘔吐的動物。可能因為吃太急、吃太快、清理毛髮、緊張等等原因造成嘔吐。

貓　奴　　天啊！真的嗎？

小獸醫　　所以，如果貓咪吐了之後，精神狀況仍然良好，吃喝也都正常，那就屬於待觀察的情況。但如果嘔吐頻繁，精神狀況也不好，那就需要帶到醫院看看。

還有一個嘔吐的可能原因是貓咪誤食了東西，可能是家裡的食物（像洋蔥就不行），種植的植物（如室內最常見的萬年青），但也可能是貓咪啃咬拖鞋、毛線、塑膠袋等物品，將物品吞入所造成。詳見前面的Q1異食癖說明。

同場加映
貓咪嘔吐注意事項

1 先確認貓咪是否吃了不該吃的東西，像是毛線、魚線、塑膠袋、吸管塑膠套等等。貓咪對這類東西，情有獨鐘。也要注意是否有中毒的可能。所以一旦養了貓，就要更注意家中擺設物品是否對貓咪有害，並將貓咪會啃咬的危險物品放置在貓咪無法取得之處。（貓奴：很像養小孩欸～～）

2 試著分辨嘔吐內容物、顏色（白色、黃色、綠色、黑色）。最好的方式是，請拿出你的手機，拍照存證給獸醫師看。

3 拿出紙筆或記錄在手機裡面（不要靠記憶力！）。記錄貓咪嘔吐的頻率、次數。通常一週內一到兩次的偶然嘔吐，可以在家繼續觀察；但如果是一天兩三次以上，甚至已經連續好幾天，就必須趕快就醫。臨床上獸醫師常常遇到貓奴們誇大症狀

或是過分簡化，而這其實對獸醫師是種困擾，因為不確實的描述，反而會造成獸醫師的誤判，很可能影響了治療。

4 嘔吐後是否還有食慾？（如果沒有，也需要立即就醫），以及嘔吐後精神狀況如何？

5 六歲以上貓咪的嘔吐，更應該提高警覺。因為許多慢性病都會伴隨嘔吐的狀態。最佳策略是到醫院做檢查，排除問題，早期預防勝於晚期治療。

6 嘔吐後，請以少量多餐來照護，不要給過多的水。剛嘔吐後，建議至少休息 2 小時之後，再給予少量的食物和少量的水。

7 嘔吐的後續情形仍然要持續留意，因有些貓咪會有脫水、酸血症的問題，嚴重的程度甚至影響生命。

8 大多數人都誤以為嘔吐是腸胃問題，其實不盡然，嘔吐常是其他疾病的症狀之一。因此，就醫的時候，醫生需要對貓咪進行抽血和 X 光的初步檢查，排除非腸胃問題。

Q36：貓咪身體各部分的正常 / 異常症狀如何表現出來？

小獸醫　身體各部位如果有下列狀況可能就是異常症狀，須多加觀察或就醫。

鼻子方面

貓咪也是會有鼻屎的，貓奴們請用濕棉花濕衛生紙擦拭即可，不要硬摳。但貓咪如果出現以下狀態：

1 明顯的鼻水流出，或是黃綠色的鼻涕分泌物（這表示發炎已經變得嚴重，且有感染的疑慮）。

2 帶血的鼻膿分泌物。

3 伴隨著對食物的嗅覺下降，食慾、精神與體重都下降。

4 發燒、喘息聲變大，精神變差。

眼睛方面

正常的貓咪剛睡醒有少量的眼屎附著在眼角上，但有些時候，貓咪有：

1 眼睛周圍會有黃綠色分泌物，甚至黏住眼睛。
2 因疼痛或畏光，眼睛一大一小。
3 用前腳頻繁的洗臉。
4 過度流眼淚。
5 在光亮處，瞳孔呈現異常放大的情形。
6 頻繁的眨眼或是用爪子不斷地抓眼。

呼吸道方面

貓咪如果出現以下狀態：

1 頻繁的打噴嚏、流眼淚（眼睛有分泌物）。
2 哮喘，就是貓咪以母雞蹲坐姿勢，頭部向前伸直，很用力的咳嗽，很像是嘔吐的動作。
3 呼吸急速，呼吸用力（你可見到橫膈膜用力起伏），甚至張口呼吸等動作。

皮膚方面

貓咪如果出現以下狀態：

1 下巴長粉刺：俗稱貓粉刺，在貓咪下巴部分有黑色分泌物，就像人類的黑頭粉刺。
2 貓咪尾巴根部與背部的毛黏在一起，摸起來油油黏黏的。
3 貓咪身上出現大量的皮屑，皮膚出現圓形禿毛的情形。
4 貓咪不斷持續性的抓癢，甚至皮膚開始出血。
5 貓咪皮膚出現脫毛或者是潰瘍，或是下巴處、下唇處腫大。

耳朵方面

貓咪在正常情形下，只會偶爾的甩頭。不過當貓咪耳朵出現狀況時，甩頭的次數會大幅的增加。另外，貓咪的耳朵若發現大量黑褐色的耳垢，可能已經發炎或感染耳疥蟲。當然，若貓咪耳朵有明顯惡臭或濕濕黏黏的分泌液也表示有問題。

嘴部、口腔方面⋮

貓咪如果出現以下狀態:

1 牙齒變淺咖啡色,明顯的牙菌斑與牙結石。
2 開始流口水,口臭味道重,口腔紅腫或是潰爛情形。
3 流口水,甚至出現痙攣情形,請立即送醫院。
4 流口水,疼痛無法進食或是咀嚼困難。

外觀、行動方面⋮

如果貓咪走路的樣子與平常不同,除了觀察可能是那一隻腳出現異常外,同時也建議將貓咪走路的樣子攝影下來(在醫院貓咪通常不願意走路),並留意是否有以下異常:

1 是否有外傷?是否有傷口、出血、趾甲斷裂?
2 貓咪有沒有特定部位不許碰?

對於此類外傷，提醒貓奴們，檢查時候的**動作要輕**，因為，貓咪相對於人類來說仍屬於比較脆弱的動物。畢竟，你不想因為自己檢查反而造成貓咪骨裂或者加重外傷吧？

Q37：如何分辨貓咪排泄物的正常/異常？

小獸醫　　許多貓咪都不太愛喝水，甚至會忘記喝水，但貓咪正常喝水量每公斤要喝 40 ～ 60cc，換句話說，若你的貓體重有 4kg，他每天必須喝 160 ～ 240cc 的水量，喝水量可以將貓咪吃的罐頭或濕食的含水量計算進去，可是還是要多鼓勵貓咪喝水較好。多喝水除了可以增加身體的新陳代謝之外，還可預防泌尿道疾病、降低腎臟方面的負擔（如腎衰竭、腎功能不全），特別是公貓容易遭遇泌尿道的問題，所以喝水很重要。喝水已經在前面 Q13 提過，可再翻閱複習。

正常貓一天約尿 2 ～ 3 次，而貓咪的飲食若以濕食為主，尿量會較飼料來得多一些。貓奴平日就要多多留意貓咪們排便與尿量的狀況。但尿量很難觀察對不對？建

議觀察貓砂團塊大小及數量，來判斷是否異常。此外，正常貓咪尿的顏色應是淡黃色，也會帶有貓咪自身的體味，若貓奴看到尿量顏色不同或是聞到帶著甜味的尿液，都是不正常的。

在排便的部分，貓咪正常的糞便是有如羊大便的顆粒狀，而長條形也屬於正常，但貓咪如果觀察出以下狀況就是異常：

1 軟便。
2 便便中含有米粒大小或長條的蟲。
3 帶血的水樣下痢（貓奴：水水的便便啦）。
4 灰白色的便便。

如果貓咪有以下的行為，也需要多加留意：

1 喝水量或尿量異常的增加：貓咪突然大量的喝水，排尿增加，或蹲在水盆前面的時間增多。

2 上廁所困難：貓咪頻繁的一直跑廁所，上廁所的感覺很用力，蹲廁所的時間加長，還有很焦躁地在廁所附近嚎叫等等。

Q38：我家的貓咪一直用屁股 磨地，是什麼原因？

小獸醫　　　當貓咪出現坐著、用前腳向前爬行的方式
　　　　　　磨蹭屁股（肛門附近）的動作時，可能因
　　　　　　為有寄生蟲感染或是肛門腺發炎所導致。
　　　　　　（肛門腺的清理，詳見 Q24）
　　　　　　另外，若貓咪拉肚子，糞便是水水的狀
　　　　　　態，也可能會磨屁股喔！那是因為肛門紅
　　　　　　腫，發癢啦！

第八章
獸醫師、貓咪與貓奴間的三角關係

在醫療階段，獸醫師、貓咪與貓奴
三者缺一不可。

獸醫師與人類醫師最大的差別在於當貓咪生病時，獸醫師往往更需要貓奴協助配合，畢竟，最了解貓咪的人不是獸醫師，而是每一位貓奴。

　　貓星人不會說（人）話，倘若沒有貓奴及時帶貓咪來看醫生，清楚的闡釋病況發生經過；同時扮演與醫者溝通的橋樑，配合醫生指示餵藥等等，那麼這個醫療行為無法成功。

Q39：貓咪在醫院時跟平常的樣子不一樣？

小獸醫　就如同前面已經談過的，貓咪是種容易緊張的動物，特別是對於罕與他人接觸，較少出門經驗的貓咪來說更是。

若要他們列出最不喜歡做的事情，我想「去醫院」應該是貓咪排行榜的第一名。大部分的貓咪都會很緊張害怕，有些緊張的貓咪更把自己縮在貓籠裡面不動，要不就是反應激烈，威脅性的低吼，不讓人靠近，不讓人觸碰。

還有一種害怕的表現就是張牙舞爪，強力抵抗。這種就很恐怖，一不小心可能檢查時候獸醫師就見血了（因為貓咪動作非常快速）……

有經驗的獸醫師很容易避開被狗咬的狀況，但貓咪動作往往太快，爪子一來或牙齒一咬就見血了，如果遇到這種極度恐懼的貓咪就診，往往要花費一番力氣才能夠進行檢查，所以我們醫師賺的其實是辛苦的皮肉錢啊！（苦笑）

貓　　奴　　但是我家貓在家裡作威作福，碰到獸醫師只會抖抖欸？他們超乖的！

小獸醫　　對不起我要戳破你的幻想了。大部分來醫院很「乖」的貓咪，他可能只是緊張害怕到不敢動而已，就是那種「好啦，我隨便你啦」的一種害怕。

　　　　　有經驗的獸醫師，通常在診療前先問貓奴，「你的貓容易緊張嗎？」接著問完貓奴所有的問題後，關上診間的門才讓貓咪出來，以減少貓咪在外頭的時間。即使再怎麼有經驗，有時還是免不了發生沒抓好貓咪，然後醫院的門又沒關好，讓貓咪跑出診間的疏忽狀況。

曾經有一隻貓咪就是因為主人沒抓好，貓咪害怕地躲在病房裡的鐵籠後就不出來了，他的貓奴每天來醫院叫他，但貓咪怎樣都不出來。後來過了幾天，貓咪因為肚子餓才自己走出來 —— 多執著的小動物啊！

但是，更恐怖的故事是貓奴沒有固定好貓咪，或是貓籠鬆脫，醫院門又碰巧打開，貓咪就跑掉了。

同場加映
貓咪就診前該有的準備工作

建議貓奴準備：

1　堅固的貓咪外出籠。貓籠的目的是留住貓咪，避免貓咪脫逃，因此建議使用貓咪不容易撞開的、結實的外出籠為佳。

（貓奴補充：如果你的貓容易緊張，或者是 3 公斤以上的大貓，請千萬不要使用坊間常見的粉紅軟式塑膠籠，因為太容易衝撞開了。另外如果貓咪需要放置在醫院等待看診的，我也不建議使用軟性的貓咪外出提袋，因為硬式提籠除了提供貓咪一個固定的空間外，另外也較能防範外在的攻擊。）

2 毛巾：包裹、固定，鎮定貓咪之用。

3 貓咪的健康紀錄表、預防針紀錄表，或是自己拍攝的貓咪病況紀錄。

4 穿著耐髒的衣物。不要穿太喜歡或太名貴的衣服，也不要帶最喜歡的項鍊耳環等飾品，以免被緊張的貓咪扯掉。

5 就診之前先剪好貓咪的趾甲。

Q40：為什麼帶貓咪就醫時，有時會建議進行鎮靜麻醉呢？

小獸醫　　　每一隻貓咪來到動物醫院，在身體不舒服，心情也不美麗的情況下，他們的反應是非常多樣的，就如同我在上面說明的狀況，在家中貓奴所謂「乖巧」的貓咪，有時在醫院卻是另一種樣子。

診斷是絕對必要的，但當醫生遭遇貓咪激烈的抵抗而不配合檢查時，也就是貓咪不願讓人靠近、也不讓人碰的時候該怎麼辦呢？我們會跟貓奴討論，是否給予貓咪適量的鎮靜麻醉藥物，以便我們能夠接近他而進行檢查。麻醉當然是有風險跟危險性，但有時沒有辦法接近貓咪的時候，這樣的選擇也是萬不得已。

同場加映
什麼是麻醉？麻醉有哪些方法？

　　為了進行某些侵入性的檢查或外科手術（如絕育手術），獸醫師通常會對貓咪施以全身性麻醉，讓貓咪暫時的失去知覺。這樣的麻醉不同於人們的牙齒麻醉 —— 你仍有知覺與意識，只是某部位感覺不到任何感覺。

　　麻醉藥會影響貓咪的循環系統、呼吸系統，及神經系統，所以麻醉對貓咪的風險來自於對貓咪健康狀態的不了解 —— 貓咪是否有肥大心肌症？ 是否肝腎功能不佳？是否有凝血症狀等問題？若能在麻醉前進行相關身體健康檢查，就能大幅降低麻醉風險，對邁入老年的貓咪更是重要。

　　目前動物醫院的麻醉方式可分為氣體麻醉（以下簡稱氣麻）與注射麻醉。

　　氣麻藉由吸入性麻醉藥，透過插管或是面罩等方式讓麻醉氣體進到貓咪的肺部裡面，所以氣麻的代

謝比較快，也就是藥效比較快消失，貓咪會比較早醒來。注射式的麻醉是透過注射藥物到貓咪的身體裡，需要身體的吸收，並透過肝臟代謝，麻醉時間相對比較長。

至於氣體麻醉是不是比較安全？ 依使用的藥物和施行的手術而定。目前動物醫院其實都是合併使用。

麻醉都具有一定程度的風險，不管是人還是動物的醫療都是一樣。

Q41：醫院會對貓咪做哪些檢查？

小獸醫　為了解貓咪身體的實際狀況，醫院會進行的檢查，大概分為三大類：理學檢查、血液檢查跟影像學檢查。

1　**一般理學檢查**：這是醫生對於初就診的貓咪進行的檢查。

醫生以視診、觸診、聽診、嗅診、扣診等方式進行檢查。

視診用以觀察貓咪的精氣神、皮毛、眼睛、耳朵、鼻子的外觀是否健康等等。觸診例如檢查貓咪的關節、觸碰貓咪體內腫塊，檢查貓咪的腸道看是否有異物等等。聽診如聽聽貓咪的聲音，用以判斷如呼吸道、心臟、腸胃等問題。嗅診是因為有些

疾病可以聞到特別的味道。扣診在於檢查
貓咪的胸腔與腹腔部位。

2 **血液檢查**：簡單說就是抽血檢查，抽血後
經過化驗分析，以判斷貓咪身體的狀況。

一般健康檢查所做的血液檢查，大概有三
大類：血液學檢查、血液生化學檢查與內
分泌檢查。血液檢查就是檢查貓咪的紅血
球、白血球、血小板數量，用以判斷貓咪
是否發炎、是否有貧血等等。血液生化學
檢查則是在檢查貓咪的肝功能、腎功能、
膽固醇、血糖、膽紅素等等，這些生化數
值是否正常。內分泌檢查，如檢查貓咪的
甲狀腺等等。

另外，有一些針對特殊狀態的血液檢查，
如針對浪貓、常外出的貓咪應增加傳染病
檢查，檢驗貓愛滋、白血病的有無，而疑
似有胰臟炎的貓咪也應進行胰臟炎檢查。

3 **影像學檢查**：就是利用如X光、超音波設
備，檢查貓咪個別臟器問題。

貓　奴　　這些都要做嗎？（看看扁掉的荷包）

小獸醫　　如果是貓咪看病的話，獸醫師會依需求告
　　　　　知貓奴要做什麼檢查，不過如果是屬於
　　　　　年度的健康檢查，我建議一年至少做一次
　　　　　血液學與血液生化學檢查。至於延伸的檢
　　　　　查，端看貓咪是否有特殊狀況，以及看主
　　　　　人的荷包囉！

Q42：我可以用網路或電話問診嗎？

小獸醫　　我不建議這樣做。因為任何的醫療診斷行為，我還是需要親眼看到貓咪啊！！！

請貓奴把貓咪帶到動物醫院比較妥當。這樣除了透過貓奴的主觀描述之外，獸醫師也可以就客觀的情況（貓咪目前的狀態）進行判斷，不要以為獸醫師閒閒沒事叫你們帶貓咪來看病啊！

貓　　奴
（在危險中發問）

可是每次帶貓咪醫院，獸醫師就看一下、摸一下貓咪兩分鐘，然後問幾個問題而已欸？我家貓咪一隻也要 4 公斤多，很重欸……而且有時候很忙欸！真的不能電話問診嗎？

小獸醫　這樣說好了，如果你用電話或網路問診的話，你確定獸醫師解決的是你（問）的問題還是貓咪（真正）的問題呢？

貓　奴　可是我的問題就是貓咪的問題啊，不是嗎？

小獸醫　你百分之百確定嗎？確定不用獸醫師用觸診等其他檢查方式再判斷一下？我最怕遇到，你問的問題可能並不是貓咪真正的問題──為什麼會有這樣的狀況呢？第一種可能的原因，貓奴們無法確實的描述病狀，換句話說，獸醫師可能聽到很多枝枝節節，但很可能不是獸醫師要的資訊。另一種可能來自貓奴們已經根據貓咪的症狀，自行下判斷了。小獸醫也許可以在網路上與電話這頭解決貓奴和貓咪的其他問題，只是對於看病這種事情，我認為，只有貓奴的描述是不夠的。

Q43：為什麼獸醫師抓貓咪的動作看起來很粗魯啊？

小獸醫　　欸……這可能是種誤會啦，有時候我們使用一些保定（保護固定）的姿勢並不是要虐待貓，而是我們必須固定他，以便檢查啊！否則貓咪動作非常快，一個爪子下來，嘴巴一咬，根本來不及抓（躲），貓咪就逃跑了。

　　　　　根據我們的經驗，即使是一隻 3 ～ 4 公斤的貓咪，如果他真的要跟你拚的時候，我們就算有三、四個人也抓不住……但一般來說，我們保定也是有技巧的，通常都是小心地抓關節部位，其實不會讓貓咪受傷，請各位貓奴明察。

貓　　奴　　那貓奴可以幫忙嗎？

小獸醫　　嗯，如果貓奴本身是有經驗的（知道怎麼固定貓咪），我會請他幫忙，不過還是要看實際狀況而定。當然，醫院人手多的話，可能就不需要貓奴出手。

坦白說，有時我也會先請貓奴離開，例如我要抽血時，有些貓奴看起來比貓咪更緊張，為了他與貓咪好，我會先請他在外面稍候一下。

貓　　奴　　好奇欸，父母帶小朋友看病的時候通常都陪在身邊，那什麼樣的情況下你會需要貓奴（主人）離開？

小獸醫　　貓咪比較少啦，我通常都是叫狗主人離開比較多，因為狗仗人勢（主人抱著就不斷吠叫作勢咬人）的機率很高。

Q44：為什麼貓咪去醫院，都建議要做一些檢查如X光跟驗血，不能開藥就好嗎？

小獸醫

首先要請貓奴們了解一下什麼是檢查行為。我們的檢查方式分為常規性的檢查與進階性的檢查。常規性的檢查是一套系統性的檢查，包含觸診，血液檢查，有時也會有X光的檢查等等。進階性的檢查是問題已經被掌握但需要更進一步的資訊的檢驗。

對於來到醫院的每隻貓咪，我們都會全盤性的去掃描，然後鎖定範圍，抓到問題的方向後，下一步就是系統地做排除法。這就是所謂常規性的檢查。例如貓咪一直頻繁的跑廁所，可能是尿道阻塞，也可能是尿道發炎。這時我們可能需要透過觸診，去懷疑是否有阻塞的可能？膀胱是否大量

積尿？還是只是單純的尿道發炎？最終我
們可能透過影像學的 X 光或超音波來釐清
問題！

貓　　奴　　獸醫師的行為很像偵探啊？就是懷疑所有
的線索然後排除掉不可能的？

小獸醫　　對啊！所以醫生就像一個尋找病因的偵
探，不能只是依據貓奴對貓咪的描述做判
斷，就像人類看病常需要驗血一樣，貓咪
也需要這樣處置，才不至於判斷錯誤啊！

同場加映
貓咪抽血的位置

小獸醫　　一般來說早些年的抽血是抽後腳背側或者是大腿的內側，現在比較普遍是抽貓咪的頸靜脈處。其實兩者各有優缺點。我們的醫院以抽貓咪的頸部靜脈為主，原因是腳（後腳）的脂肪比較少，皮比較薄，而且貓咪的手或腳比較敏感，抽血可能會比較疼痛，但頸靜脈的部位，因為頸部肉比較多，血管比較粗，一旦扎到後，抽血的時間可以縮短，快的話可能 3 秒內就完成了。

當然，也不是所有的貓都願意讓我們碰脖子的，況且離貓咪的嘴巴那麼近，有被咬的風險。所以臨床上我們會看狀況，選擇貓咪能夠接受的位置做抽血。

至於為什麼不會抽手（前腳），這是我們常會有「預留」的習慣，當動物需要急救的時候，手部的血管是留作點滴、留滯針之用。

一般抽血的流程，以抽頸靜脈為例，我們會先由一兩位工作人員固定貓咪後，頸部抽血處先剃毛，然後很快的抽血後，用棉花按壓傷口處數秒等待止血。很快就好了。像是你帶你家貓咪來抽血的時候不是很快嗎？

貓　　奴　　對啊，我好像一眨眼，2秒就好了。不過老實說，我在旁邊看得心驚膽跳的，想說會不會不小心插錯，然後血大量噴出來？

小獸醫　　……（無奈）不會啦，那個比較像是電視劇演的啦……

Q45：貓咪手術後一定要戴頭套嗎？他撞來撞去好可憐耶？住院一定要住在冷冰冰的籠子裡面嗎？

小獸醫　第一個問題，通常我們會限制貓咪的行為是為了確保貓咪能夠妥善休息，進而讓傷口和身體達到復原。有些貓咪只要一恢復清醒，舔傷口導致縫線蹦開等等，比比皆是。當然，不是所有的貓咪都會舔傷口，只是站在獸醫師的立場，為了百分之百防止貓咪舔傷口造成術後復原期限延長，戴頭套是必要的。有些貓可能會因為頭套的緣故而自閉，不願意動或食慾變差，嗯，我想這是過渡期，也是必要之惡。

目前開始有軟性的頭套，我想軟性的頭套出現戴起來一定會比較舒服。未來若是有更好的防止貓咪舔傷口的辦法，我們當然會從善如流。

至於貓咪住院的時候為何要關在籠子裡，
就像前面 Q14 提到的認養流浪貓一樣，
手術結束後，貓咪的精神狀況、飲食與排
泄情形仍要觀察與留意，因此，籠飼才能
夠一目了然了解貓咪目前情形，否則術後
疼痛的貓咪通常會躲在沒有人抓得到的角
落靜靜地舔傷口……

有時候籠飼是不得不的選擇，也是權衡之
後，選擇採取對貓咪比較好的方式。

Q46：貓咪住院的話，我可以常常去看他嗎？

小獸醫　其實一天來一次就夠了。就像人類住院也需要好好休息，貓咪在手術後也需要完整的、不受打擾的休息，過度的探訪會增加他們的不安。

同場加映
什麼樣的貓咪需要住院？

小獸醫　這個問題要看是做手術或是內科治療，以及貓奴是否有照顧的時間和能力。先談談手術，如果只是常規手術，如結紮、

洗牙、或簡單外傷處理等等，這種情形只要貓奴可以自己照料貓咪的傷口，一般來說是不用住院。當然，若貓奴沒有時間也對自己照顧有疑慮，那就直接住院。如果是開重刀，例如骨科、貓咪吞吃異物，或開刀取出結石等等，這些都需要術後觀察、存有術後感染的風險，或是手術後需要照護，這當然需要住院。

至於內科的部分，就取決於獸醫師的主觀判斷。

貓　奴　可是住院很貴欸？我有第一手慘痛的經驗！

小獸醫　當然還是要經過專業的醫療判斷。不過我個人是這樣覺得，如果貓咪已經不吃東西了，或者今天我們檢查，發現貓咪需要更專業的醫療照護，例如貓咪脫水、腎衰竭等等，住院是比較好的選擇。反過來說，如果今天醫院能夠做的，貓奴也都能夠做，那當然可以再跟醫生討論，帶回家照護也是無妨。

基本上我覺得如果一隻貓咪如果不吃東西，就應該要住院了。

貓　　奴　　通常一隻貓咪住院，會得到什麼樣的治療？會吊點滴嗎？

小獸醫　　我知道你想問的問題，讓我放大一點來回答。

今天假如一隻貓咪不能吃，他可能需要醫療上的連續治療跟看護，這部分可能是貓奴無法取代的，甚至是威脅生命的情況。至於做什麼樣的治療，當然要看生什麼病哪！

關於點滴的部分，點滴就是給貓咪水分、電解質，以及一些必要的營養補充。此外，點滴的建立，對給藥有著很大的便利性，因為藥物可以不用靠餵食或重複打針的方式，直接經由點滴進入貓咪身體。

至於住院時獸醫師會做什麼？除了給予藥物之外，我們主要的任務就是監控病

情。第一，觀察他的排尿、排糞。第二，如果貓咪的醫療數值是不正常的，例如有重度感染、貧血等等的問題，就必須進行後續的追蹤，定時驗血以判斷數值是否改變。第三，看貓咪是否有進步。貓奴常會跟獸醫師說，「我的貓咪眼睛比較亮了，看起來狀況比較好了吧！」其實這只是一部分的狀況。醫生必須對所有數值與臨床狀況下進行全面性的判斷，再看是否能出院，或者是需要進一步的醫療處置。

但老實說，很多貓奴其實都不喜歡貓咪住院……

貓　奴　　是很花錢的原因嗎？

小獸醫　　這是一種，因為住院很貴。另外一種就是捨不得，覺得醫院是個鐵籠，貓咪會很不舒服。獸醫師需要花很多力氣說服貓奴……就像我常常打比喻說，請問我們人類去住院的時候，會比家裡舒服嗎？一定不會吧！

曾經有個貓奴跟我說：「你看醫院都沒有活動空間！」我心想，今天貓咪打了點滴，你希望他們到處跑嗎？（翻白眼了……）

我更希望貓奴能夠理解，如果貓咪住院的話，真的不用一直一直一直來看他，因為動物是需要休息的。

老實說，如果可以不用住院，我也不喜歡動物住院啊，因為醫院要負責，壓力很大欸！

小獸醫的緊迫現象
出現了……

Q47：貓咪都不乖乖吃藥欸，如何餵貓咪吃藥？

小獸醫　　呵呵，不難的。請觀賞我與小丸子的餵食秀⋯⋯

貓　奴　　醫生，不要再度炫耀小丸子了啦！

小獸醫

我才是女王一號！

貓奴也可向獸醫師要求藥粉拌在罐頭裡面餵食，只是要多加留意貓咪是否順利把藥粉吃完。如果你的貓是挑嘴貓，為了成為一個盡責的貓奴，

還是建議你學習如何用藥丸餵藥囉！因為藥粉拌罐頭或用藥水是沒有辦法的辦法。

藥丸投藥的方式：用非慣用手的食指與拇指將貓咪的口打開，讓口微微上揚約30～45度角，待口張開後，慣用手將持好的膠囊，將之推入口中。此時，再將貓咪口微微握緊，按摩喉嚨，若貓咪舌頭伸出則表示藥物已吞下。藥丸投藥方式須多練習！

第九章
貓咪的奇怪行為

這一章又到了請貓奴們再度發揮觀察力的時候了！

當貓奴們開始觀察到貓咪們出現異常行為時，通常有兩種可能，一種可能是貓咪的焦慮，另外一種可能是貓咪生病了。因此，本章請併同第七章一起閱讀，而這一章主要是整理貓奴對貓咪的疑惑以及改善之道。

　　不過，站在小獸醫的立場，**身體的疾病會改變貓咪的行為，而行為異常的原因可能來自於疼痛**。所以如果貓咪的行為真的很奇怪，很可能是難纏疾病的出現，不要猶豫，就帶來醫院檢查吧！

Q48：為什麼我家貓咪喜歡吸塑膠袋、吃毛線、吞/吃塑膠拖鞋、保麗龍、舔電線、舔牆壁？

小獸醫　　嗯，貓咪本性就是喜歡這樣的東西，所以貓奴必須要自己將東西收好。請記得回去看看 Q1 關於貓咪異食癖的討論。

貓　　奴　　可是有些貓會，有些貓不會欸？

小獸醫　　我覺得多數的貓都會欸，因為貓咪對這些東西都有獨特的情愫與好感在，特別喜歡用嘴去咬，所以貓奴一定要非常小心，不要心存僥倖。

（家中貓咪因誤食而開過兩次刀的貓奴：聽到小獸醫說這是他們獨特的愛好，我的心情好像比較平靜了……）

Q49：我家貓咪很愛叫？

小獸醫
（臉上充滿疑惑）

你知道，愛叫是很主觀的描述，多常叫是愛叫呢？有些人可能覺得晚上叫個四、五次就是愛叫，有些人可能不這樣認為啊！我覺得，貓咪喜歡叫可能有以下原因：發情、撒嬌、焦慮（緊迫），或是生病，或是表達情緒。

請大家試著用排除法看看吧！如果你的貓咪已經節育，那他有沒有（1）其他異常症狀，（2）其他撒嬌行為，（3）其他生病的病狀？

如果有（1）與（3），就可以排除撒嬌這項，如果有（3），就來醫院看看……坦白說，愛叫這個問題我在醫院很少聽到人家問欸？

貓　奴　　大家不會把這個問題帶去醫院，是因為大
　　　　　家習慣在家裡忍耐了……像我的貓上完廁
　　　　　所也叫，沒事就練喉嚨，沒看到人也叫，
　　　　　半夜人類睡覺也叫……後來聽說橘子貓都
　　　　　是屬於愛叫一族的……

小獸醫　　你的貓可能比較擅長用叫聲來表達情緒，
　　　　　焦慮的行為與反應我們下面專門來談談！

Q50：為什麼貓咪在床上大小便？該怎麼處理？

小獸醫　　我想到的第一個原因就是發情，所以呼應前面，節育真的是很重要的事情。

再來可能的原因就是家裡有人、事、物的異動，例如你加班、工作太忙、談戀愛，或是家裡有新生兒，這些都有可能讓貓咪緊張有壓力，開始在不正常的地方便溺，就是你們貓奴常說的「抗議行為」啦！

我們先撇開貓咪身體的問題，建議貓奴先檢視一下家裡是否發生變動。尤其貓砂的位置與貓砂的乾淨程度也要留意，因為貓咪是很龜毛的動物，貓砂不乾淨他也會另謀他就的。如果你愛貓，記得每天都要清理貓砂盆！

貓　奴　　**老貓是否更容易亂大小便？**

小獸醫　　有些時候是失禁，有時候則是認知能力的
　　　　　問題，而且老人家大小便控制能力比較不
　　　　　好⋯⋯可能需要一一釐清是那一方面的問
　　　　　題。每一個行為背後或許都有一個原因，
　　　　　如果能找到可能的原因或許可以解決問
　　　　　題。在此建議貓奴自救一下！

貓　奴　　**我知道，我家裡已經準備好保潔墊跟塑膠
　　　　　布了，出門的時候就把塑膠布蓋在床上。**

同場加映
為什麼貓咪噴尿在牆壁上？

小獸醫　這跟上面那題尿在床上不是很像嗎？只是位置不一樣嘛！（笑）

如果貓咪已經絕育，那這可能是貓咪抗議的一種方式，也是做記號的方式，好比在枕頭上或者牆壁上尿尿，證明這個東西是他的，要其他貓咪走開。通常沒有絕育的公貓比較常出現這樣的行為。

同場加映
公貓怎麼界定宣示地盤？母貓會嗎？

貓咪的領域觀念不像狗那麼強，狗只要靠近範圍就會吠叫，但貓咪通常不是用這樣的方式。

貓咪不見得會以打架方式來捍衛地盤，但他會用其他方式去標示，例如做記號的方式讓你不靠近，噴尿、亂大小便。如果貓咪對地盤的問題感到焦慮，可能產生亂尿尿、喵喵叫，以及頻繁到誇張地舔毛的行為。母貓在我們的觀察裡面，比較不像公貓有這樣的問題。但可能要看每隻貓的狀況，母貓雖然不會噴尿，但還是要觀察一下是否會焦慮。

對狗來說，只要陌生人進入地盤，就會吠叫，希望把你趕走。但貓咪不一樣，若貓咪發現有陌生人入侵地盤，他反而不會抵抗，而會不安，可能表現得很焦慮，例如尿床。我想你應該沒有看過有陌生人來你家，你的貓咪像狗一樣跑去抓人、咬人的吧？貓咪通常會很害怕地躲起來。

每隻貓咪的差異是非常大的。有些貓咪可能早已習慣陌生人進出，但有些貓卻會變得很焦慮很焦慮……

Q51： 我家貓咪一直舔屁股、狂舔毛，舔毛舔到有點稀疏了？

小獸醫　　如果貓咪舔毛的時間與頻率增加，尤其是專舔某一個位置。我們可能要開始注意是否那處有皮膚問題，或者皮膚病變。

通常貓咪舔毛的方式是先洗洗手，然後洗洗臉，然後開始洗身體。如果貓咪只舔特定部位，那很可能是皮膚出現問題。如果沒舔特定地方，只是一直舔個不停，很有可能就是貓咪焦慮的一種表現。

Q52：貓咪也會焦慮嗎？

小獸醫　　當然！我們在 Q18 自發性膀胱炎時，就已經談到緊迫 / 焦慮對貓的影響。

貓咪是很在意環境的動物，與狗相比，貓咪非常關注自己的生活環境，討厭陌生環境，討厭無法控制的改變。

喵～就跟你們人類一樣啊～
誰希望一直被搬來搬去啊？喵！

只有熟悉的環境，
熟悉的人事物，
才能帶給他們安全感。

如果可能的話他們希望一切永遠不變。貓奴眼中的小事，例如搬家、養了新動物、換了貓砂、去醫院打預防針、因出國送貓咪去貓旅館等等，對某些貓咪來說，可能是天塌下來的大事呢！

貓咪的焦慮可能會用很多不同的方式表現出來：

1 防衛性的攻擊。貓咪感到壓力，不想被觸碰，所以發出威嚇的低吼或者以抓、咬來攻擊。

2 在貓砂盆以外的位置（床、沙發、地板、衣服上等等）大小便。

3 頻繁的舔毛或拉扯自己的皮毛。

4 不斷走來走去，突然的嚎叫或頻繁的喵喵叫。

如果有以上行為或者是其他的異常行為，排除我們在第七章談到因生病所導致

的異常行為之外，貓奴們必須要開始尋找讓貓咪焦慮的原因。

以下是可能的原因，提供貓奴參考：

1 環境改變或限制。如搬家、換貓砂，或是處在不熟悉的空間。

2 人員改變。如家中突然出現新成員，有新生兒或者新動物的出現，貓咪的活動空間必須與新成員分享，必須與新貓競爭，或者家中有人或其他陪伴動物過世等等。

3 缺少陪伴。因為貓奴工作太忙，或貓奴安排數日的出遊等，這些行為也會打破貓咪以往的慣例，讓貓咪覺得寂寞不安而感到壓力。

4 無聊或孤單。有些貓咪需要人們很多的陪伴，太少陪伴也讓貓咪感到緊張不安，有壓力。而他們表達有壓力／焦慮的方式就是亂尿尿（便便）、喵喵叫，與頻率過高的舔毛。

所以，當你的貓咪出現讓你困擾的行為時，先試著用排除法分析貓咪是否是生病還是焦慮？如果是焦慮的話，打罵並非上策，只要貓奴找到讓貓咪焦慮的源頭，理解他們的焦慮，進而改善（你的）行為，我相信貓咪的焦慮應該可以緩解。

Q53：我家貓咪為什麼愛咬人？

小獸醫　　可能是貓咪想要玩，想要引起你的注意。幼貓特別喜歡這樣。一般來說，如果不惹成貓，他們應該就比較不會過來又抓又咬才對。

　　　　　如果幼貓抓手或者開始咬手，在家裡跳來跳去，這是他們對外在環境好奇，是一種愛玩、淘氣的表現。貓咪在出生的 3 ～ 10 週內是他們社會化的時期，這段期間幼貓開始學著跟外在世界互動。而最直接的互動就是抓抓看、咬咬看。當下他們還不會控制力道。

貓　奴　　小貓的咬人是種捕獵的練習嗎？

小獸醫　不是，就是小貓愛玩、淘氣的表現。這段期間的發展會影響到貓咪的性格與習慣，所以如果貓咪小時候養成用咬人、抓人來喚起注意力的習慣，長大後想要改善會比較困難。

如果貓咪已經養成這種習慣，首先要避免用手逗貓、挑釁貓的行為。不要大叫、打貓，壓制他或者咬回去。因為貓咪就是想要吸引你的注意，因此冷處理（就是不理他）15 分鐘，亦即貓咪一咬人就立刻不理他 15 分鐘。

另外，就是要找時間陪貓咪玩耍，讓他有發揮狩獵慾望的機會，轉移他拿人類手腳當作玩具的目標。

貓　奴　**可是被咬很痛欸？教貓不就像教小孩，應該給他一個教訓，讓他知道會怕啊！看他還敢不敢咬我？**

打他只是讓他害怕畏懼你而已,很難讓他對咬人這件事產生連結。就像前面說的,要先找到咬人的原因,找到原因會比打罵貓咪的效果來得更好。

解決貓咪亂大小便也應該採用以上的方式。長久以來,大家都誤以為把貓咪拖到證物處,押著他的鼻子,彈他耳朵處罰貓咪是有效的 —— 錯了!

坦白說,貓咪並不明白他的行為與處罰之間的關聯性,貓奴應該要知道,這是貓咪**表達情緒**的方式之一。所以,找到問題的源頭才是更棒的解決方式!

第十章
我家的貓咪老了

　　很多貓奴覺得，養貓比養狗方便多了。可是，當貓咪老了呢？當他們開始跳不高，眼睛漸漸混濁，嗅覺也開始不敏感，夜晚可能還會莫名嚎叫，脾氣突然變壞，也更容易生病。當照顧他們開始變得不那麼方便與快樂的時候……

貓咪從 5 ～ 6 歲開始逐漸退化，10 ～ 11 歲就正式邁入高齡。隨著貓咪漸漸老化，他們跟人類一樣，必須面臨肥胖和器官老化所造成的慢性病問題。

若貓咪真的生病了，貓奴需要真心包容，審慎照顧。生病，是世界上最現實殘酷的一件事情，它需要我們花費更多精神、體力、時間、金錢，同時還需要耐心理智堅持不放棄。

讓我們所愛的動物安養老年，這是我們對他們的責任。

在本章的最後，我們來談談大家都不想面對的主題——貓咪的死亡。有生就有死。當你選擇當貓奴，選擇愛上貓的那一刻起，就必須面對，終有一天，你的貓咪會比你先離世。

Q54：貓咪胖胖的很可愛啊？為什麼每個獸醫師談到胖胖貓都如臨大敵啊？我家的貓胖嗎？

小獸醫　　我家小丸子可是標準身材，不到 3 公斤喔！

又開始炫耀了…

咳咳…
先讓我們談談貓咪的標準身材吧！

一般的測量方式是體重加上 BCS（Body Condition Scores）兩者一起判斷，除了貓咪體重之外，BCS 是由貓咪的身形來判斷他是否過重。就是由上往下俯視貓咪，如果腹部部分可以明顯看到突出來圓滾滾，那就是過胖了。

肥胖貓的內臟會有過多脂肪累積，進而容易產生如關節炎、糖尿病、心血管疾病、腎臟病、脂肪肝、尿路問題等疾病，以下簡單介紹貓奴們不熟悉的關節炎與糖尿病。

關節炎是種容易疼痛、不舒服的疾病，然而貓咪的關節炎往往難以發現。因為來醫院的貓咪大部分都不走動，都縮在貓籠裡面，以及貓咪的外觀並**不會像狗一樣出現明顯的跛行**，所以**貓奴的觀察**就變得更為重要。

由於貓咪是很容易隱藏自己病況的動物，如果發現貓咪走路緩慢，越來越不愛走動或跳上跳下，與貓奴互動與遊戲的時間

變少，甚至連抬腳踏入貓砂盆都開始不願意，開始懶得梳毛，走路姿勢開始有一點僵硬，貓奴摸腳某處會疼痛咬人或大叫，被抱起或驚動的時候比以前更暴躁易怒，那就請帶他來醫院吧！

至於糖尿病，其實是貓咪胰島素沒有辦法正常代謝醣類而導致的代謝性疾病，這讓貓咪身體無法利用糖，所以血糖指數升高，而糟糕的是腎臟又無法吸收，只好把這種高度濃縮的尿糖藉由尿液排放，所以糖尿病的貓咪，就會出現我們常常聽到的「三多」──吃多、喝多、尿多的症狀。即便貓咪吃再多，因為無法轉換糖為能量，所以身體其實一直處於飢餓的狀態。

根據糖尿病發生的原因，臨床上分為三型。糖尿病的犬貓，除了出現「三多症狀」，還常會有如消瘦、抵抗力變差（像是反覆性不容易好的尿路感染）、精神活動力變差、白內障和肝臟腫大等症狀。然而面對這類病患，首先需要正確的診斷；

同時讓病患住院以便於做出血糖曲線。透過適當劑量的胰島素施打和正確的飲食管理，進而達到良好的控制。貓奴是否能夠配合醫囑照顧，往往是糖尿病控制成效的關鍵因素。

至於觀察部分，除非是非常非常仔細的貓奴，否則一開始貓咪的病狀是很難發現的：貓咪的喝水量與排尿量異常的多，貓咪也非常容易餓，但卻開始變瘦。但如果貓咪開始昏睡、不吃、嘔吐等狀況，嚴重時候可能會導致死亡。因此，定期進行健康檢查，有助於早期發現糖尿病。

糖尿病的治療需要飲食控制。所以居家照護（一天打 2 次胰島素等），定期檢查與監控都非常重要。

貓　　奴　　**聽起來跟人類肥胖的慢性病好像喔？**

小獸醫　　對啊，所以不要再說貓咪胖胖的好可愛了！因為你只想到你自己……

貓　　奴　可是貓咪就一直來討吃的啊？他們貪吃的
　　　　　程度好恐怖欸！

小獸醫　　這邊來談談貓咪減肥的事情吧。維持貓咪
　　　　　身材是貓奴的責任喔！

同場加映
如何讓貓咪減肥？

以下是小獸醫的建議：

1 飼料的選擇，選擇熱量較低的飼料如減肥飼料。
多處放置（少量）食物，讓貓咪為了吃，多走一
些路。

2 控制他的熱量與進食量。

3 多多運動陪玩。

4 定期監控他的體重與 BCS。

貓咪發胖的主要原因就是吃得多、動得少，而年紀越大的貓咪，活動量更少。

如果你是固定放貓食，由貓咪自己進食的那種貓奴，請改成定時定量餵食。可以先少量多餐，觀察看看貓咪一次進食的量大概多少，再來調整成一日餵食 2 次。老貓可增加到 1 日 4 次，但當然份量要減少。

如果貓咪是屬於貪吃貓，就是有多少吃多少的，那麼定時餵食，更是重要。另外對於喵喵叫討食物的部分，可以用遊戲的方式增加貓咪運動量，分散他討食物的注意力。

不要瞬間減少你餵食的數量，如果你是貓，應該也不希望貓奴執行太殘忍的減肥計畫吧？但是，定時定量，慢慢地減少你餵食的數量，以及用逗貓棒讓貓咪多運動，應可以讓貓咪回到比較健康的身材。

貓　奴	**貓咪節育後好像就很容易發胖欸？**
小獸醫	是，因為情緒穩定，少了讓他們焦慮緊張的因素，就吃得多啊！但節育還是要做的，因為好處還是多於壞處。

Q55：我家的貓咪老了嗎？
怎麼判斷貓咪老了？

小獸醫　　貓咪到了 5 ～ 6 歲算是熟齡貓，10 ～ 11 歲就算正式邁向高齡。換句話說，從 5 ～ 6 歲，他們退化的速度逐漸加快。

貓咪的老化一方面反應在他們的身體與行動上，他們的視力、聽覺、嗅覺變差，免疫力下降，牙齒變差，動作不再像年輕時候活潑敏捷，可能沒辦法跳很高、跑很快。另一方面，就像人類頭髮會變白一樣，貓咪的鬍子毛髮開始變白。

老貓除了活動力會降低外，睡眠時間會變得更長，也比較不愛整理自己的毛，趾甲的角質也會變厚。

不過，單單由貓咪的外觀是無法判斷貓咪年紀的唷！像我們家小丸子就看起來很年輕……（以下省略稱讚小丸子一百句）

面對貓咪開始變老，貓奴們需要開始重視老化問題，例如慢性病的問題、心臟、腎臟、關節、腫瘤問題，還有我一直強調的肥胖問題。貓奴必須雙管齊下，一方面觀察並記錄貓咪日常作息飲食狀態，另一方面則是透過每年定期健檢來追蹤貓咪的身體內部變化狀況。

同場加映
對老貓的日常照顧

以下是小獸醫的建議：

1 調整飲食

飲食上，可選擇低熱量的老貓飼料。但若貓咪有生病或有特殊體質的需要，則須與醫生再行確認貓咪的營養需求，例如老貓的腎功能會隨著年紀逐漸衰退，所以如果貓咪腎功能不佳，則需要與醫生討論是否使用處方飼料。

老貓因活動量降低，對日常所需的能量需求會減少，因此貓奴須更仔細觀察老貓們的食量與體重，盡可能維持理想體重。

餵食部分，建議少量多餐（1 天 3~4 餐），並提供乾淨清潔的飲水。

要注意的是，喝水很重要。喝水不足對貓咪的腎臟功能將有不良影響，嚴重甚至有腎衰竭的危險。

因此，請仔細留意貓咪喝水情形，如果貓咪不太愛喝水，可在餵食的罐頭裡加水，多處放置水盆，隨時替換乾淨的水，冬天時放些溫水等等，以增加貓咪喝水量與喝水的興趣。

2 加強照顧

由於老貓們自我清理毛髮的時間變少了，貓奴們必須經常幫貓咪梳毛，定期幫貓咪剪趾甲，清理耳朵與眼睛周圍分泌物，同時檢查貓咪的皮膚耳朵和眼睛是否有異常。

3 改善居家環境

由於老貓的跳躍力變弱，因此若老貓喜歡在貓跳台或家具間跳來跳去，貓奴須盡量降低或減少物品與物品之間的高度（以免對自己評價過高的老貓在跳躍途中掉下來受傷）。例如貓咪的高跳台旁多加一張椅子，減少貓咪需要跳耀的高度等，使用比較淺的貓砂盆，讓貓咪方便進出等等。另外，請準備安靜舒適有隱蔽性的空間以便他睡覺或休息。老貓比較容易怕冷，冬天的時候要更注意老貓的保暖。

4 定期洗牙

貓咪因為老化而免疫力下降之故，口腔細菌容易增生，造成牙周疾病，嚴重的甚至造成細菌由血液循環到心臟，腎臟等器官導致發炎。因此，每一年到一年半需要洗牙一次。

5 至少一年一次健康檢查

由於老貓的退化速度有時候會非常快，更保守一點說，每半年定期檢查，才有助於醫生盡早發現病況。

同場加映
貓奴說：若貓咪開始尿失禁

如果你的貓咪是跟著你一起睡在床上，那請你準備好閱讀下面文字。當貓咪開始漸漸老去，他們很可能因為腎衰竭或其他緣故，開始出現無法控制大小便的狀況。

貓失禁不是一件令人愉快的事情，因為貓尿特別臭，特別在冬夜清洗床單更是對貓奴耐心的一大挑戰。別發火也別沮喪，這不是任何人的問題，單純就是年紀大了的貓咪開始無法控制，請你多點接納與體諒。

以下是貓奴對貓尿床的處理方式：

1 先觀察貓咪習慣睡覺的位置，例如棉被上或是棉被裡面。

2 購買枕頭與床單用的保潔墊。

3 多準備幾條保潔墊、床單、棉被與枕頭以便更換。枕頭套內與床單下方都需預先墊好保潔墊，保潔

墊的使用可避免枕頭本身與床墊被貓尿滲透。
如果貓咪習慣睡在棉被裡，你只需要更換保潔墊、
床單與棉被就好。

假使貓咪習慣睡在棉被上，有貓奴直接在棉被上
加舖一層尿布墊，讓貓睡在尿布墊上。

4 被尿過的床單、被套或衣物，需先用小蘇打＋水
將尿漬部位清潔與去除尿味。如果當下沒空處理，
則可先行浸泡，等有空時再送進洗衣機清洗。如
果是羽絨被跟枕頭，建議先用小蘇打＋水將尿漬
部分在第一時間清潔除臭，再送洗衣店乾洗。

5 可嘗試讓貓咪睡在其他地方，設計舒適溫暖的貓
窩（多找幾條厚毯子），試試看是否能夠誘導貓
咪睡自己的貓窩。當然，貓窩也是得舖好尿布墊
並且多準備幾條能夠替換的毯子。

Q56：什麼是慢性病啊？老貓常發的慢性病是那些呢？

小獸醫　我曾經看到有獸醫師這樣形容，慢性病就像是在懸崖上，「緩慢地接近死亡」。這種病拉扯著貓咪，可能很快將他拉下懸崖（貓咪死亡），但如果好好照顧的話，就像拔河一樣，你可以延長貓咪留在懸崖上的時間。

慢性病呢，就是需要貓奴長期的抗戰（照顧）。

那些是老貓們常遇到的慢性病呢？在我的觀察，五大慢性病是白內障、糖尿病、腫瘤與癌症、慢性腎衰竭、心臟病。糖尿病已在 Q54 談過，這裡來談談其他四種病狀。

貓　奴　白內障一定要開刀嗎？

小獸醫 　看狀況而定。所謂白內障是指水晶體部分變白或是全面性變白，造成光線無法透過而導致視力減弱或是失明，白內障發生的原因，最常見的就是老化，但不限於老化，有些種類的純種犬發生比例也較高。白內障會漸漸影響視力，漸漸失明，而讓生活品質變差。也可能造成眼壓上升，併發青光眼，其疼痛可能會影響貓咪的的精神及食慾。目前醫療上最好的方法就是開刀換成人工水晶體。但是否一定要開刀，仍然可以由醫生與貓奴們討論後決定。

貓　　奴 　**腫瘤一定要切除嗎？**

小獸醫 　我建議要。近年來，老年貓狗死亡排行榜上，第一名就是腫瘤，惡性的腫瘤通常我們稱癌症。

　　　　當你在貓咪身上發現一些不明的腫塊，或者在健康檢查中發現貓咪有些器官或組織有異常的團塊，這些都是貓咪長腫瘤的特徵。很多貓奴會問，那一定要切除嗎？我

認為，只要貓咪身體狀況允許，切除是比較好的選擇。

腫塊的影響，最直接的就是壓迫貓咪的身體，影響血液淋巴循環，或是壓迫到神經。如果腫塊長在器官上，器官很可能喪失功能，以上任何影響，都可能會造成貓咪疼痛，進而影響生活。

我認為，不管化驗的結果為良性或惡性，在貓咪身體可允許的情況下切除都是比較好的選擇，因為良性很可能轉惡性，惡性可能加劇或者日益擴大。

貓奴們千萬不要忽略任何腫瘤的出現 !!!!! 即便你們不愛聽，我還是要請你們定期讓貓咪健康檢查，畢竟，外在的腫瘤容易早期發現與移除，而定期的健檢將提高醫生發現內在腫塊的機率。腫瘤，是越早發現越好，存活機率越高，這種病是拖不得的！

另外，惡性腫瘤仍舊會有切除後復發的危機，貓奴不可不慎！

貓　奴　**慢性腎衰竭會好嗎？**

小獸醫　答案是不會。臨床上，慢性腎衰竭是老貓常見的問題。所謂的腎衰竭是指貓咪的腎臟漸漸失去功用（大概只剩 25% 的腎臟是正常可用的），而這種症狀是不可回復的傷害，因此對老貓來說，死亡率極高。然而這種疾病，早期診斷，早期控制，早期治療，往往會有較好的效果，雖然無法回復貓咪腎臟原本的功能，但只要能妥善控制，貓咪仍然會有不錯的生活品質。

慢性腎衰竭在初期症狀並不明顯，因此，若貓咪開始有嘔吐，食慾減退或不吃，大量喝水與大量排尿，走路搖晃等症況，請立即就醫。

腎臟衰竭的治療與控制主要有高血壓的監控、鉀鈉鈣磷離子的平衡，飲食上以低鈉低蛋白為主，並補充適當的營養品。

貓　奴　那貓咪可以像人類一樣洗腎嗎？

| 小獸醫 | 有些動物醫院會提供這樣的設備，不過長期洗腎的成本極高，又因為貓咪體積小，洗腎容易引發感染問題。 |

| 貓　奴 | **貓咪心臟病需要一輩子吃藥嗎？** |

| 小獸醫 | 看是哪種心臟病。心臟病是種統稱，概指心臟的機能、外型或構造出現異常。所以心臟病有層級（嚴重程度）的差異。第一級，屬於檢查不太出來，就是心肺功能較正常貓咪弱。第二級，貓咪容易疲倦、喘息、體力變差的狀態，並且在 X 光或超音波檢查下發現心臟異常。第三級，除了第二級的症狀，貓咪還會有尖銳性咳嗽的症狀。第四級就是最嚴重的狀況，心臟衰竭，貓咪會嚴重的喘息、呼吸困難，容易引發昏厥、休克，同時出現肺水腫與暴斃致死的可能性極高。

第一、二級的貓咪，需要飲食控制並開始使用健康食品，延緩心臟症狀的惡化。第三、四級的貓咪，服藥就是控制心臟病的 |

重要手段，隨意的停藥可能導致貓咪心臟衰竭。

心臟病跟前面談的腎臟病一樣，你只能控制，無法復原。因此，治療方法只能以減緩惡化的速度去控制，以延長心臟的保固期。

同場加映
每年健檢的重要

慢性病的治療與照顧，既花錢又花時間。讓我再次摘要一下重點：**慢性病大多不會好，只能「控制」讓它不至於壞得太快。**

因此，看似花錢又花時間的健康檢查，很簡單的一小步，卻極有可能是避免或早期發現（慢性病）的一大步。而慢性病最重要的就是「及早發現，及早治療」。

Q57：貓咪病得很重？
該救他還是讓他走？

小獸醫　　這對我們來說也是很艱難的事，但我們仍然得站在客觀理性的狀態告訴貓奴最實際的病情。至於會讓獸醫師斟酌很久之後，最後還是告訴貓奴，「你可以考慮看看讓他安樂死，讓他好好走」的情形是：

第一，經過診斷、治療之後，貓咪的恢復情形並不理想，甚至身體狀況持續走下坡。

第二，貓咪已經沒有生活品質。例如他可能終其一生不能走路、必須靠人餵養、把屎把尿、甚至有嚴重的褥瘡等等。

最後，當貓奴的努力已經到一個底線，已經到極限了。

以上三個條件都出現的時候，我才會跟貓
奴討論安樂死的必要性。我想，讓貓咪
在沒有痛苦知覺的時候離開，也是一種選
擇。

Q58：貓咪走了，
該如何處理他的後事？

小獸醫　這是個重要的問題。很多人沒有預期到死亡的問題，所以常常在貓咪離開後打來問動物醫院說，我要怎麼紀念陪伴我十幾年的貓咪。

一般動物醫院的處理方式是火化。因為火化是比起土葬更衛生的選擇（這麼多年了，不要再告訴我你贊成「死貓掛樹頭」的諺語了啦，這不衛生）。貓奴可選擇請動物醫院代為處理，醫院會統一送交特約焚化處或公立單位火化，但這種方式是集體火化，骨灰沒法領取。貓奴也可選擇私人、民間開設的寵物的安樂園，以個別火化的方式，將骨灰帶回或放在安樂園、靈骨塔供奉，或者火化後將骨灰安置在最喜歡的地方，或以海葬，樹葬方式告別。

貓　　奴　　**這一題讓我好難過嗚嗚嗚……**

小獸醫　　我知道這是貓奴們最不想面對的事，但終
　　　　　究有一天貓咪會離開我們，該怎麼說再見
　　　　　真的是很重要的課題。

　　　　　貓咪的壽命平均約 12 ～ 15 歲，不管我
　　　　　們人類多麼希望貓主子陪我們長長久久，
　　　　　但現實就是會發生。所以當我們的貓咪已
　　　　　經到了平均壽命年齡，那貓奴們就得開始
　　　　　有心理準備，雖然我知道你們都很不願意
　　　　　去面對，談一談就很想罵獸醫師……

貓　　奴　　罵獸醫師？

小獸醫　　因為很多人捨不得放手，就想盡辦法要貓
　　　　　咪活著，但今天我們用盡了所有的醫療資
　　　　　源，用盡所有的力氣了……唉，這也是我
　　　　　們很難過的時候啊，尤其一些貓奴不能接
　　　　　受，在醫院裡哭鬧著要我們一定要把貓咪
　　　　　救回來的時候，我們真的盡力了！

貓　　奴　　假使發生這樣的事情，我想我第一個反應
　　　　　　是自責欸，先是責怪自己怎麼沒有早一點
　　　　　　發現，是不是做得不夠多，接下來再檢討
　　　　　　是不是獸醫師做得不夠多、不夠好⋯⋯理
　　　　　　智上知道不該怪獸醫師，可是情感上還是
　　　　　　很難過得去⋯⋯

小獸醫　　可以找獸醫師抱著哭啦⋯⋯但不要罵獸醫
　　　　　　師，雖然我知道這是我們動物醫院一定要
　　　　　　面對的，但真的有太多人無法面對⋯⋯

同場加映
貓奴版：好好說再見

　　當愛貓離去時，不管他是因為什麼理由離開，是令人震驚的猝逝或是久病不治的離開，我們其實從來沒有準備好分離。即使我們以為已經準備好了，但當分別的那一刻來臨，我們仍舊會覺得一切都太快，太難以接受。

　　當我們深愛的貓星人呼出他的最後一口氣，請找個乾淨，比貓咪略大的紙箱，裡面鋪好毛巾後，將愛貓輕輕地放入。將紙箱放在家裡，安靜且不受干擾的角落。若你的宗教信仰是佛教，在你送他去火化前，可播放佛經為他助念；若是基督教徒，可在送走他之前，在家裡進行一個小小的告別式，請家庭成員共同為他禱告；其他宗教信仰也可依照自己的儀式進行小小的告別。

　　你可以在紙箱中放些愛貓喜歡的東西、一些小花，家人們可以對他說說話，感謝他的陪伴，感謝他

的愛，你對他的愛，跟他說現在不再痛苦了，請他先在天堂等你 —— 不要只是哭 —— 一邊哭，一邊還是要好好地跟他道別。

為了不留下遺憾，道別的儀式很重要，可以的話，最好留時間給每一位家人，讓他們可以摸摸他，跟他說說話，好好地說再見。

接下來就是選擇火化的場所，火化後，你可將火化後的骨灰送到靈骨塔或是選擇樹葬、海葬或是葬在他喜歡的地方，讓你思念他的時候可以去看他。至於我家的方式則從未留下骨灰，因為我們相信他永遠在我們心中，所以塵歸塵，土歸土，靈魂歸天堂。

那些「假如」 —— 貓咪走後，我們會有好一段時間一直想著「假如」。假如我早點帶他看醫生，假如我早一點發現，假如我小心一點把東西收好，假如我當時多陪陪他，假如我不進行這樣的治療……那麼，或許他就會／不會這樣或那樣。

遊戲可以 reset，但人生不行，貓生也不行。

這些假如會讓我們痛苦，讓我們後悔自己的抉擇，只是生命沒有重來，我們唯一能夠做的，就是好好地從經驗中學習，然後好好道別，勇敢道謝。

　　有朋友在貓咪離開後，哭著對我說，「我沒有辦法接受，我再也不養貓了。」

　　他選擇了不再觸碰這個傷口，不再談論這件事情，因為傷心，因為痛。

　　我則說，你不記得那些美好時光嗎？那些你跟他在一起，你陪他、他陪你的好時光嗎？

　　當我想念他的時候，我想起的，不是他離開我的這個缺口，而是我們曾經共度的歲月。我想起他的樣子，安靜呼嚕，認真玩樂，嚴肅舔毛，還有偷溜出門後，叫他回來，他一邊走一邊發出「麻麻麻」的抱怨聲。

　　「可是我現在傷心啊！我再也見不到他了……」又是一陣啜泣。

　　當然還是會傷心。傷心難過時，認真地好好地

哭一場，寫下你的感受，跟好朋友跟家人分享失去的悲傷，擁有的快樂。

認真地哭一哭，用文字或心中，好好地跟他說說話，好好地謝謝他陪伴你的歲月，跟他說沒有他，你會好好的，希望他也好好的。讓時間慢慢地撫平悲傷，留下淡金色的回憶。

想想那些快樂吧，傷心會與快樂交融，如此你笑了，即使帶著眼淚。那些你曾經命名為愛的時光，我會說，與其把它封存成你的悲傷，倒不如三不五時拿出來，跟認識你貓咪的朋友，同樣回憶他，彷彿他還在你的身邊。

貓咪用他的一生陪伴我們走了人生的一段路，讓我們用眼淚、用回憶紀念他們吧！我想我們總會再見。

謝謝你好好照顧我！

國 家 圖 書 館 出 版 品 預 行 編 目 （ C I P ） 資 料

喵問題 / 林煜淳，貓奴 41 著． -- 初版． -- 臺北
市 ： 奇異果文創，2016.04-
　　冊 ；　　公分． --（好生活 ；7-)
ISBN 978-986-92720-2-5(平裝)
1. 貓 2. 寵物飼養 3. 疾病防制

437.36　　　　　　　　　　　　　105004813

好生活 007

喵問題 —— 學著好好愛你的貓

作者：林煜淳、貓奴 41
插畫：1 ＋
美術設計：舞籤

總編輯：廖之韻
創意總監：劉定綱

法律顧問：林傳哲律師 / 昱昌律師事務所

出版：奇異果文創事業有限公司
地址：臺北市大安區羅斯福路三段 193 號 7 樓
電話：(02) 23684068
傳真：(02) 23685303
網址： https://www.facebook.com/kiwifruitstudio
電子信箱：yun2305@ms61.hinet.net

總經銷：紅螞蟻圖書有限公司
地址：臺北市內湖區舊宗路二段 121 巷 19 號
電話：(02) 27953656
傳真：(02) 27954100
網址：http://www.e-redant.com

印刷：永光彩色印刷股份有限公司
地址：新北市中和區建三路 9 號
電話：(02) 22237072

初版：2016 年 4 月 7 日
ISBN：978-986-92720-2-5
定價：新臺幣 300 元